日日
物事

Those
things
at
Home

日日物事

Those things at Home

簡單又富足，葉怡蘭的用物學

Yilan
葉怡蘭——著

自序
見物重又是物

「一直想為家裡這許多物件的身世來由，一一寫點文字立個傳，」「因為，這一器一物一杯一盤一皿，都點滴反映了，我對『生活』的高度經營興趣與追求渴望。」——還記得二〇〇〇年，我的第一本書：以器物和旅行、生活間的關連故事為主題的《Yilan's幸福雜貨鋪》出版，回應讀者們的進一步期待，我在文章裡如是發願。

但想是時候未到吧！那之後，我寫食物食材、寫茶寫酒，寫旅館、旅行、生活甚至居家設計……卻竟始終不曾回過頭來，履行這曾經許下的承諾。

事實上那當口，原本自以為戀物的我，正處於從「見物是物」、逐步過渡到「見物非物」的階段。

其時，出乎自身的狂熱求知，以及因空間設計與時尚雜誌工作、加之四處僕僕行腳而繽紛開展的歷練和眼界，已然好幾年時間深深浸淫於物的世界裡，執著痴迷、留連忘我……

沒料到，卻在全書即將付梓、提筆寫序之際，再度一篇一篇檢點、咀嚼書中文字，方才突地醒覺，我真正執戀的，也許非為物之本身，而是物件背後所開展的，關乎生活、關乎享樂的世界：

「因為迷戀著茶，戀著茶的學問、茶的滋味、喝茶時的氣氛，所以迷戀茶具；因為著迷於咖啡的香氣、煮咖啡的專注心情，所以著迷於蒐集咖啡壺；因為渴望自然、渴望視覺與心靈的澄靜，所以，對藤的、木的、石的、草的、帶有最原始最樸素材質與顏色的器物，格外無法抗拒……」自序中，我如是坦白招認。

這一悟，視角就此改變。我停下了對物本身的蒐羅追索，物是載具，盛裝此中的食物、茶飲與生活，才是我的真正所欲所求所望。

之後，在這樣的思維下，選物見物，我只從最本質根本角度著眼，一如書裡文字的反覆強調：貼近機能貼近需求，實用耐用，才是器物的真正恆長價值所在。

於是，曾經高張的物欲就這麼一點一點淡去了，家裡物件的增加速度剎那變慢，用不上用不著不合用不想用的東西也變多了，甚至還為此趁數年前小宅全面翻修機會全盤梳理檢討，而後，在自己店內辦了跳蚤市集一口氣捨去大半……

然後發現，在這過程裡，與器物間的相處，遂再不同昔往。

這些細細汰選而出、碩果僅存的器物們，一件一件，都和我的日常飲食日常生活緊密相伴相繫，年年月月日日朝夕頻繁摩挲撫觸相依；每一物事，在我的人生裡生命裡，都有了各自的立足位置、故事和意義。

曾經從物上轉移到物象背後之飲、食、生活與享樂的眼光與關愛，就這麼因著物我間情戀情致的越深，又再次凝聚到物之本體來。

於是，二十年歲月悠悠而過，生活與心境流轉，一個圈子兜轉，觀照與書寫角度遂再度投注於物。

——見山又是山，或說，見物重又是物。此刻咀嚼，還真是這樣的轉折心情，成為《日日物事》此系列書寫緣起。

而寫作過程中，漸漸接觸到越來越多來自讀者的發問，其中頗多關於，我的見物選物觀點、哲學與美學由來何處。

這一細思才察覺，有趣的是，完全沒有美術藝術工藝背景、且自認連繪畫與手作天份皆極度匱乏的我，看待與思索器物、設計和美，初始之根本原點以至日後的點滴滋養，先得歸因於從小到大的閱讀。

在二〇一六年出版著作《家的模樣》裡也提到，自小學一路沉迷到大學、一遍一遍反覆閱讀的《紅樓夢》，開啟了我對園林而後建築、空間和生活之美之境的熱情憧憬和興趣；從中延伸而出的各種相關主題、不同領域追讀，更深深影響了我看世界看生活甚至看人生的方式和視角。

以此為根基，繼之在各國各地迢迢旅行中更遼闊窺看，而後在生活裡不停身體實踐力行。

這其中，東西兩種不同方向的涉獵明顯惠我最多。

首先是發軔於上個世紀初、影響西方當代設計美學至鉅的現代主義思維，對「裝飾」的徹底反思，對實用與機能與簡約的高舉；「形隨機能生」，將器物的生成目的與存在意義踏實回歸到最根本，成為我之覓物觀物的核心。

同時間，因著隱於《紅樓夢》中的禪學思考，引我進一步觸及日本的茶道哲學——雖說不耐跪坐的我，一次也不曾動念想學茶道，卻極愛讀茶道書、聞見茶道事；所因而一步踏入的形上「侘寂之境」，讓我得以在現代主義純然理性的「簡」之外，更開闊也更深刻觀照，簡與繁，有與無，生與滅，多與少，加與減，美與瑕，素樸與豐富，人為與自然、當下與恆長間……非為二元是非對立，而是相生相共相交融交映的關連關係。

還有，同在日本傳統美學脈絡下，因應時代變遷而生的，由柳宗悅、濱田庄司、河井寬次郎等人所提出的「民藝」理論，強烈主張「用即美」：自常民百姓生活、市井匠作裡孕生的日常之器，才能美得最端莊最強壯最恆長也最貼近，讓我深心共鳴，信仰奉行至今。

——對此，我總認為，相較於東西方其他先進國家來，即使近百年工業化量產化浪潮狂襲，日本還能擁有為數極高的手作常民日用器皿在市面上流通，並持續被產出、愛用，是柳宗悅等民藝大家為這國度甚至這世界所留下的珍貴禮物；因之成為我的居家器物來源大宗，更啟發了我對台灣在地器物在地美學的好奇與追尋。

然後是柳宗悅之子柳宗理，我眼中成功將由來西方的現代主義設計訓練與日本民藝精神完美結合一體的設計大師，從相關著作的捧讀，到廚房裡餐桌上長年操持使用他的作品，教會我扎實體察、明辨，究竟何為「真正的設計」。

此之外，當然還有更多文學的歷史的食物的風土自然的閱讀、走踏、領會、思省，涵養涵泳了我對這世界種種美好與複雜的理解、對世事人事的瞭然和洞察，促使我在人與物間的彼此連結和牽絆，在得與捨、欲與無欲、淡泊與熱情、放懷與執著之間，得能努力修習、保持靜定和清明……

歲月流轉、生活在走，年年月月季季日日，這終究見物重又是物的物我之遇之緣之情之繫，還在持續。

目次 contents

Chapter One 食之器

Chapter Two

飲之器

Chapter Three

廚之器

Chapter four

日用之器

物用即美——我的器物心法

器物是構築美好生活的礎石。合心上手之物，不僅能讓日常作息舒坦順暢，還能多添滋味和情致。

量力而為。人與物緣份無常，遂而，日用之器，平易平實、能力心力可及可負擔為好，相處起來才能隨心所欲、灑脫自在。

我會愛你很久嗎？——買下、留下每一件器物之前，必然如是自問。非得再三確定真正需要、非有不可、得能派上用場才肯帶它回家；這相守，才能真正久長。

形隨機能生。器物的存在意義，在於「解決問題，回應需求」，讓生活更方便舒適更從容優雅愉悅，才是唯一價值；無法真正走入、融入生活裡，只能一時短暫愉悅，最終必遭厭膩揚棄。

少即是多，足夠就好。人所需要的，其實遠比擁有的、想要的少得多了。物件太多，徒使自己目盲意亂心忙；少而精，才有餘裕和每一件久久溫存出綿密的默契和情感。

簡單，不簡單。這世界已經太喧囂太複雜，那麼，就讓器物簡單吧！身邊周遭所處所見所用越是單純簡淨，心緒便越能沉澱清明，更多關於本質的、真淳的美好，才能清晰浮現。

物法自然。木、藤、草、竹、棉、麻、陶、石……越是自然材質，越能溫暖溫厚、質樸謙遜、水乳交融入居家裡生活裡；還能隨歲月之摩挲積累，而越見潤澤情長。

不成對不成套。器物之海太浩瀚，金錢心力與時間空間卻太有限，為能多樣擁有，早習慣一只一只、絕不成套採買；久而久之，反越覺豐富有變化。

複合多工無益，但單一專用也不見得好。合多重用途於一身之器看似划算便利，實則樣樣通、樣樣鬆，但用途太狹隘專一卻也往往太設限；反不若老老實實、不要花招不玩創意之基本基礎器用道具，才最實在。

不設限、不拘泥。器物之用宜靈活開闊、盡其在我，不一定非得本來用途不可；日常裡不斷咀嚼玩味，琢磨出獨屬自己、獨屬每一件器物的適性適用之道，一樂也。

交映與交融。擺盤擺桌，喜歡「錯開」——餐具本身絕不重複，顏色、圖案、材質力求不同，形狀、甚至高矮深淺也互異，相對互映，自成意趣意境。

老的好。從來每添一物，都宛若盟誓一樣，惟願終身攜手為伴。只因越是舊物舊相識，越能讓人完完全全熟稔熟悉、安頓安定，無猶疑無罣礙，徹底專注食飲裡生活裡。人與物之樂之緣之情之繫，正在於此。

食之器

Chapter One

我是直紋控

雖說為求變化且廣兼博愛多樣擁有，咱家餐具採買原則，不僅從來不成雙不成套、且形狀樣貌還力求多端。但事實上，因個人非理性癖好，有一種圖案，卻是壓倒性穩占多數——是的，在此承認，我是不折不扣直紋控，尤其白底青花直紋圖案，更是上上最愛。

愛悅之深，每與直紋器皿相遇，明明其餘可挑花色不少，卻還是忍不住另眼相看，顧不得心內警鈴大作：「直紋已經太多，該換一換了吧……」，十之八九仍是理智難敵情感，衝動下手帶它回家。

弄得餐具櫃餐具抽屜裡一眼望去，杯盤碗碟砵皿半數以上全是它；日常三餐拿取，若一時輕忽忘了留心區隔避開，便往往一桌子同花，望之失笑。

但好在是，青花直紋世界裡，其實風貌十足繽紛。光是粗細、疏密、顏色、質地、以至紋案變換，便能幻化交織成千姿百態，目不暇給，叫人加倍耽溺入迷；還因此理直氣壯得著藉口——真的每一只都不同，自可以安安心心繼續添購下去。

對我而言，直紋之美，在於那奇妙的，既俐落秩序、凝然靜定，卻又蘊藏著悠悠綿長的餘韻。比紛飛流動的具象花草動物以至抽象的幾何來得簡約，也比純然單色活潑豐富。

簡單與不簡單之間，正是我在器物器皿上的一貫追求。且較之橫紋的左右兩向豐腴伸展，又多幾分修長勁拔的清明清瘦感；和茶飲和食物配搭，則不爭鋒不強出頭、和合和諧恰如其分，深得我心。

而長年浸淫直紋世界裡，越來越覺得，相較於西方直紋的明快直率、台灣竹籬紋的憨厚樸實氣，來自日本的直紋，顯然最豐碩最多表情，自古至今名作傑作令人一見鍾情之作無可計數。

日本的直紋餐具多半有個好聽名字：「十草」。此詞原出自蕨類植物「木賊」，外觀細細長長、連排整齊挺立，正是直紋模樣，因日文讀音「とくさ」相同而轉稱十草。隨形貌不同，還有進一步分類稱呼：比方若條紋細緻細密，稱「千筋」；若粗細交錯，則稱「麥藁手」。光名字便令人悠然神往、浮想聯翩。

後來，還偶然在《京都の平熱》一書中，讀到作者鷲田清一轉述日本美學家九鬼周造對直紋圖案的詮釋：「永遠不會交會在一起的平行直紋，就好像彼此吸引但絕不湊在一起的異性之間的緊張關係。也就是說展現出了一種充滿風情的媚態，又或者是一種下定決心絕不緊貼、絕不死心眼的心性跟絕念的境地……」

果是對直紋有透徹理解和熱愛的國度，為直紋之曼妙迷魅下了另番浪漫批註。

熱帶風土，沖繩陶器

明明已經連三年三度造訪沖繩，卻依然時刻心中滿懷念想——曾經確信這世上除了台灣，我最喜歡的地方當非京都莫屬；然而邂逅沖繩後，這自以為堅定的執念，卻開始悄悄動搖。

是的。京都於我而言，是彷彿前世的原鄉，那城市的一切，完完全全體現了所有我對美的追求與信仰；然這沖繩之愛，卻緣於今世的彷彿熟稔與始終盼能圓全的企望……

沖繩，太像台灣了！

近在咫尺、風土幾乎全然一致之地，文化上同受中國與日本雙重沾被，遂從豔陽的光澤、空氣的質地，食材種類、食物味道，以至房舍街道形貌都如此相似；明明異國、卻又不盡然真如異地，遂分外留戀神往。

然而幾次旅行下來，卻也多多少少摻雜了些許複雜眼光和心緒。

不無欣羨是，那兒，活得比我們更像熱帶海島子民。相較於長期遭中土大陸與溫帶國族移民與反覆殖民、於是無可避免地重重負載著非屬這片土地的北地思維與美學的台灣，沖繩毋寧比我們更與海洋、與地域緊密連結，美感性格上也來得更灑脫熱情。

1. 沖繩陶器工房壹
2. 沖繩一翠窯
3. 沖繩室生窯
4. 沖繩北窯

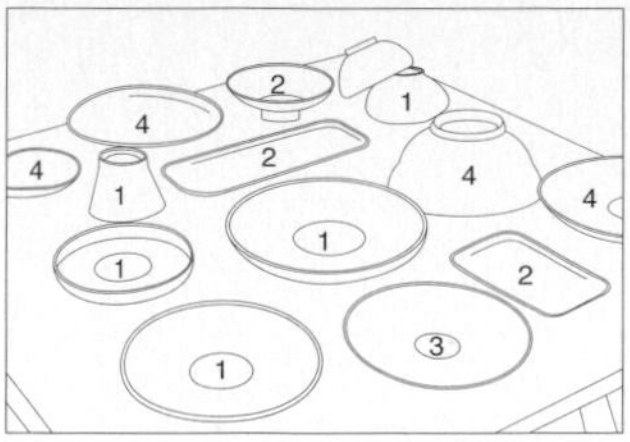

尤其沖繩陶器。每一回都忍不住在各個相關所在流連不去，包括在地「壺屋燒」起源地的壺屋通，以及北遷後陶藝工坊雲集的讀谷村一帶。

和日本本土陶器的或侘寂婉約或精巧細膩非常不同，沖繩陶器、特別食器餐皿類別，質地與量體近似台灣古早餐具，大多極沉實、散發敦厚樸拙之氣；顏色圖案卻鮮妍活潑，頗多抽象描染，即使具象如花草蟲魚，形貌筆觸也往往一派率意不羈。

形式、價位與身段則始終堅守日用陶器之平易近人風範，無怪乎深受柳宗悅、濱田庄司等民藝巨匠推崇愛用。

而原本在器物上一意偏好內斂低調之風的我，初相識之際，對這大剌剌的繽紛雖難免有些不慣；但漸漸地，深藏內心的南島身世血緣一點一點被觸動，竟就這麼慢慢沉迷：

穩居經典地位的北窯各大家、簡約俐落路線的陶器工房壹、嫵媚中流露些許時髦感的一翠窯、雄渾大膽的室生窯……逐步蔚成餐具櫃裡雖不算龐大，卻也頗具份量的一系。

尤其陶器工房壹，最著名的染付系列，形體復古中透著些許現代氣息，暖白底色上粗筆勾勒出鈷藍線條，松葉、蕨草、線、水玉——是我最喜歡的簡雅青花紋案，卻又流露沖繩特有的寫意奔放，一見就鍾情。

最近一趟造訪，和工房主人壹岐幸二聊起，這青花的似顯含蓄，莫非是受日本本土風格影響？「不不不，這可完完全全從傳統取材喔！」他一面連聲強調，一面轉身珍重取出一只年代久遠古董小壺，壺身紋繪頗不同於常見的赤青藍褐交織，簡簡單單大筆藍紋勾畫、渾樸力道十足……果然源源本本由來在地，更加傾心。

過去現在，北歐之愛

迷上北歐設計，始自二〇〇〇年的一趟丹麥哥本哈根之旅。在那之前，工作上生活裡雖有接觸，素好簡約如我，也確實喜愛那靜淨無華風致；但卻是直到來到當地，實際浸淫於那單純素樸、專注踏實生活本身的氛圍裡，方就此全心折服。

或許是北國寒冷嚴酷環境條件所造就的務實與冷靜性格使然，北歐的設計，不管是建築、家具、器物，相較於其他西方國家來，分外流露著一股理性而堅定的內涵與氣韻。

這樣清明若定的自信，特別邁入二十世紀後，更益發展露無遺——彷彿一跨過古典與現代主義之交後，便頓時瞭然人之居家與生活的真正渴望與合適的風格與美之所在，遂能無視潮流的往復起伏沖刷，從此立定腳步，再不擺盪游移了。

所以，近百年來，許多以今日眼光看來極是實用妥貼、且還散發些許摩登時髦氣息的作品，略一細究，不少都是已然六七十歲齡以上的作品，委實令人感佩驚異。

遂而，自那時候起，北歐設計在我家漸漸占有一席之地……大師設計家具較難高攀，至今只得平民百姓級之IKEA扶手椅一張而已，主要還是集中於餐具；且雖因東西方生活和飲食方式的差異，整體占比和依賴度較之日本和台灣器物來難免稍遜，但已屬相對龐大的一支。

而也因著眼於設計，迥異於日本台灣頗多為民藝工藝品，幾乎皆出身知名品牌旗下。

這其中，數量最多者，當非Royal Copenhagen莫屬。說來奇妙，因個性不愛繁複華麗，和皇室古典餐瓷向來保持距離，然Royal Copenhagen卻是例外：純正北歐血統，使之比起西歐品牌來原就顯得低調簡雅。

進入現代後，更是急步緊追當代北歐風尚，不僅推出顏色造型極簡、細節卻頗多巧思的Ole系列；傳承兩百多年的唐草、藍花系列更陸續推陳出新，發展出更簡練俐落的紋案，今與古、西與東，在這藍草藍花紋樣裡交會聯繫，青花控如我，哪裡抵擋得了這魅力。

隸屬同集團的Georg Jensen雖為銀飾與銀器品牌，但和Royal Copenhagen一樣，在生活家品部分極能與時俱進，尤以不銹鋼系列最為傑出；其中，最愛是生平故事宛若一頁傳奇的女性設計師Vivianna Torun的作品，尤其她的茶匙，一凹陷一隆起、角度微妙的握柄與匙尖，手持、挖起與入口觸感絕佳，每回使用都覺貼心。

iittala，誕生於芬蘭的玻璃工坊，一步步壯大後，逐步併購膾炙人口在地品牌如Arabia、BodaNova、Hoganas Keramik、Rorstrand，陣容越見堅強；如Ego咖啡杯、Aarne系列酒杯、Citterio 98的刀叉匙，同為典型北歐路數之簡中見韻致，都是陪伴我數十年至今的食飲夥伴。

其餘，同出丹麥，形體帥氣俐落的不銹鋼品牌Stelton，餐具品牌Rosendahl中最經典、僅僅是盤緣碗緣幾點微痕便生無窮韻致的Grand Cru系列，以及在咖啡沖煮上惠我良多的BODUM……同樣均是足能跨越時間的錘煉、空間的藩籬的雋永之作，一一盡成豐富我的日常餐桌的迷人北歐風景。

1. 丹麥Royal Copenhagen
2. 丹麥Royal Copenhagen /Ole
3. 丹麥Rosendahl /Grand Cru
4. 芬蘭iittala /Ego
5. 丹麥Georg Jensen /Vivianna Torun
6. 丹麥Bodum
7. 芬蘭iittala /Citterio 98
8. 丹麥Stelton
9. 芬蘭iittala /Aarne

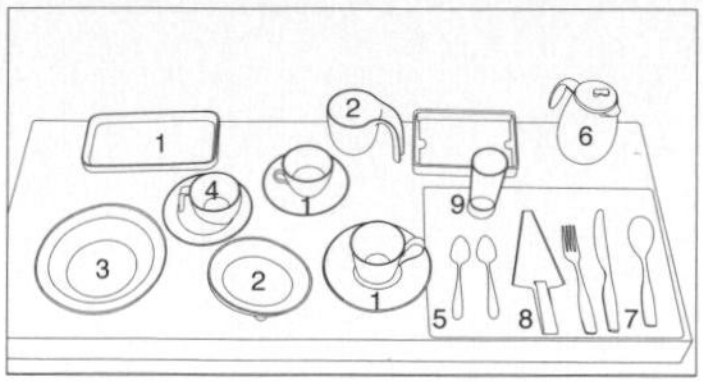

不成套不成對，飯碗

寫作此文前，因拍照需要，一古腦將廚檯裏的飯碗全數取出擺上餐桌，這才發現，原來我竟然有這麼多的飯碗！

習慣天天在臉書IG或微博關注我的家常餐桌的朋友應該早就發現，雖是兩人同桌吃飯，但我家的飯碗卻極少成對。當然非為日本常見的一大一小、最多顏色有別的所謂夫妻碗，而是真的從樣式長相甚至材質都截然互異。

是的。出乎一向以來的喜好與習慣，有限預算與空間前提下，為了能夠多樣擁有，我的餐具杯具從來極少成組成套，尤其飯碗，也定然一只一只分開採買，無論如何就是不肯一樣。

因此，多年下來，就這麼累積了各種不同飯碗。形式有大有小、有圓有椎、有高有矮、有胖有瘦、有窄有闊，有的一任渾圓、有的碗口外翻，有的光滑亮潔、有的略帶迷人粗糙手感，材質則瓷、陶、木器均備。

來源因器物本身的血緣關係，全數來自以米為主食的東方國家如台灣、日本、柬埔寨、越南以至韓國。

——雖時下不乏西方餐具品牌因應亞洲市場也有飯碗出品，但不知為何，目前所見，從尺度、形體、角度到手感，總顯得有些尷尬僵硬；特別經常少了底部的圈足、或即使有卻明顯高度不足、難能握持，看著總有一種說不上來的隔靴搔癢般

1. 台灣的碗
2. 日本的碗
3. 韓國的碗
4. 越南的碗
5. 泰國的碗

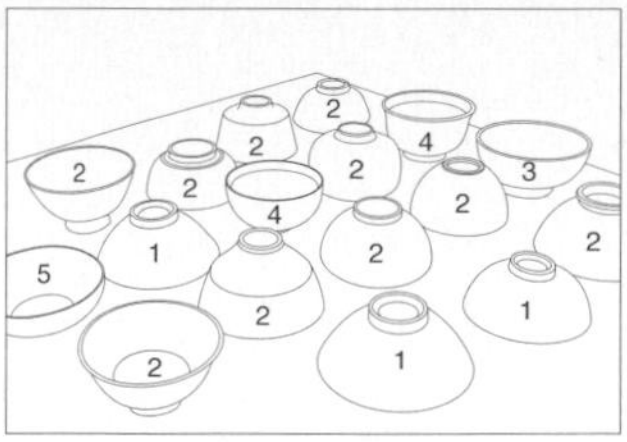

的違和感，怎麼樣都不合意。

而不同產國的飯碗，也各見丰姿情調。台灣的碗，鍾愛的是復刻古早碗：沉甸甸厚實量體，略帶拙趣的幽藍鑲邊，碗身綴以手繪或打印的葡萄、金針、竹籬圖案，氣韻憨厚樸雅，還多幾分人親土親的熟稔熟悉，深得我心。

越南、柬埔寨的碗，與台灣碗彷彿兄弟姊妹般的神似，同樣流露著令人安心的扎實敦厚氣，卻是嫣紅釉色、花朵蟲魚紋繪飛舞，更多幾分嫵媚。

日本無疑最多元，也是目前所藏占比最高的碗。隨產地、窯元、工坊、製作者、陶瓷或木器而形貌紛呈互異；卻也是一眾碗裡最顯細膩精巧的一類，含蓄嫻雅、潤澤生光，看著用著總覺心裡安靜。獨沖繩是小小例外，想是出乎南國血統緣故，分外散發幾許放獷不羈。

只只個個不同的趣味，在於自可以縱情活潑配搭——橫豎餐盤湯碗已然熱鬧鬧形色款式各自為政，飯碗當然也跟著放肆繽紛：或高或矮或胖或瘦，或大或小或窄或闊或圓或錐、或陶或瓷或木或白褐青紅……交互輪替穿插、兩兩捉對登場，日日餐餐都有嶄新心情味道，其樂無窮。

玩得搭得任性，遂難免越嫌不足，總常想著添新。這會兒一桌子排開，方才驚覺似乎有些貪婪太過，看來日後得稍微節制些才是。

日本沖繩陶器工房壹

日本的碗

台灣的碗

難得繽紛，碗公

大愛湯麵。不管任何形式湯麵都喜歡，一大碗湯鮮麵Q料上選，熱騰騰香噴噴下肚，冬天周身暖熱夏天大汗淋漓，痛快過癮，滿足無比。

美味需得美器相輝，故而，長年對尺寸碩大、宜於湯麵的碗——我愛以台語「碗公」這般聽來便覺敦厚大肚之詞稱呼它——總是另眼相看，時常分心留意，有沒有合適的碗公可以帶回家。

只不過，尋尋覓覓多年，真正合心合意卻不多。首先難在尺寸，務求一人份量滿裝後剛剛恰好八分高度，太小不夠用，太大則空落落少了些豐盛澎湃氣勢，都不合格。

然後是器型，定要中式規格，上開闊中渾圓下略收、碗緣如帽般略略外翻，能將麵、湯、料以完美角度比例大氣包容同時展現，無論盛裝哪種湯麵都好看，吃起來也舒坦。

相比之下，另種偏日式傳統風格的瘦高筒型麵碗則毋寧內斂含蓄許多，用於清湯烏龍麵、蕎麥麵、素麵等清淡潤雅和風麵食雖合襯，但若是台式中式湯麵就難免有點兒不夠豪爽。

但雖說如此，有趣的是，目前手上慣用這幾只卻還是出身日本為多，應是較偏拉麵碗型，可算中日混融吧！

1. 日本天下一筑後窯
2. 日本樹ノ音工房
3. 日本西海陶器
4. 日本中川政七商店
5. 台灣「食光碗公」

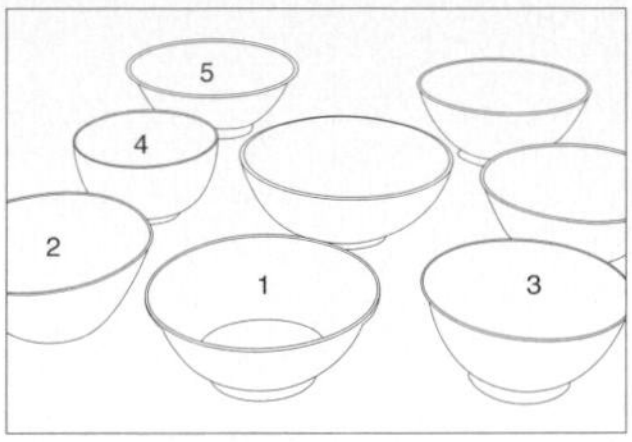

還有顏色紋案。雖在器皿上向來偏好素雅，但逢到碗公，畢竟裝盛的是酣暢之食，遂希望能再多有些分明面目個性。因此，較之其餘餐具來，咱家這一眾碗公似乎稍微更活潑顯眼甚至繽紛。

比方最是繁花滿佈，也是跟我最久、最得讀者們喜愛，每回臉書上一現身便博得四方稱讚這只，來自「美濃燒」之天下一筑後窯……窯名與樣貌看似氣派斑斕，其實純然出身市井——是早年旅行橫濱時，在中華街一小小街邊雜貨鋪偶然瞄見，當時雖覺有些過於華麗，出乎應景與紀念心情買下，卻因造型尺度均恰到好處，至今二十年，仍然依賴愛用，且還越看越順眼。

碗外點點「水玉」與碗內花朵蝴蝶飛舞這兩只，前者出處已不復記憶，後者則為會津「本鄉燒」的樹ノ音工房之作，同為我的器物中較少見的可愛路線，然深棕釉色與粗糙質感，多了些穩重沉著風致。

大大向日葵花這只，出自近年越看越對眼的沖繩讀谷，和本島各窯氣韻大不同，一派熱帶島嶼的熱烈奔放不羈，樸厚質地更與地緣風土相近的台灣器物有幾分類似，分外親切共鳴。

應無所住而生其心，湯碗

長期於臉書、IG等社群平台上收看我日日分享三餐的朋友，應該多多少少留意到，我的晚餐十之八九定然有湯——是的，從小愛喝湯。生來一副東方肚腸，不僅不可一日無飯，無論春秋冬夏、天熱天寒，若餐桌上無湯，便覺悵然若失惶惶不安。

因此，翻開前本著作《日日三餐，早・午・晚》，占比最高的「晚」這一章，超過一百五十頁數，扣除西菜，其餘形式幾乎千篇一律：最多是兩菜一湯一飯，其次是一菜一湯一炊飯、一鍋一菜一飯、一鍋一飯……頓頓必有湯為伴。

也因工作無比忙碌，常日下廚最是求快求簡，往往花不到四十分鐘、三兩下就開飯；遂而，那些需得經久熬煲的慢燉湯品如排骨湯、雞湯等極少出現；除了素來頗愛、合湯與菜為一的懶人鍋料理外，最多是以預先備存雞高湯、大骨湯或可容速成的日式昆布柴魚高湯為底，細切蔬菜下鍋，幾分鐘涮熟就可上桌。而如番茄湯、味噌湯等可以快手入味湯品更是每隔幾天就登場。

然有趣的是，雖堅持餐餐有湯，但因習慣以酒佐餐，所飲湯量卻不多，淺飲即止，足夠暖胃暖心就好。

湯量少，湯碗遂也不宜大，容量三〇〇~四〇〇CC，兩人共享剛剛恰好——不知是否因這尺寸較為罕見，竟成我的一眾餐具裡特別麻煩的一類：

1. 台灣PEKOE復古飲食器
2. 越南Bat Trang
3. 南非Wonki Ware
4. 日本沖繩北窯

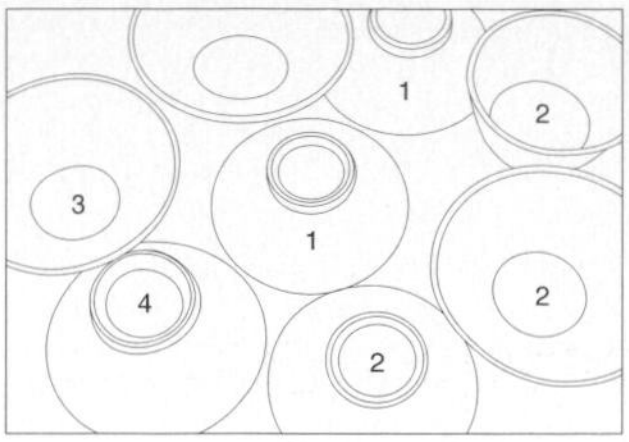

從來挑剔刁鑽脾性，光是樣貌紋案看對眼已經很不容易，再估量形狀大小似乎還行，興沖沖帶回家後，湯一入碗，卻常常顯得過大，連湯帶料只裝得六七分滿、煞是空落淒涼，只得憾恨挪為他用。

一路屢戰屢敗，比前文中曾經抱怨好碗難尋的湯麵碗來，明顯更費周章。

而說來奇妙，目前所擁、較合心意者，竟大多都是無心之得——一眼相中之際，心裡所想非為裝湯、而是他用，反而就這麼恰恰合襯。

比方購自越南，花紋一藍一紅一青紅、身形一高瘦二敞矮的這三只，來自越南河內近郊的Bat Trang陶瓷村；當時，終於來到早想一探究竟的地方，遂也不曾多想，但覺足夠獨特有風致便隨手買下，回來後才發現形貌雖各異，卻正正都是理想湯碗。

竹籬與金針圖案的兩只復古台灣碗，其實原本是我日常慣用愛用的乾拌麵與蓋飯碗，沒料到裝湯也極好，只好辛苦它們多多頻繁擔綱。

購自沖繩北窯、藍綠釉繪粗獷率意這只，原也是為了乾拌麵而買，以為盛湯可能略大，結果竟與料多湯品頗和合。倫敦偶然邂逅的南非品牌Wonki Ware，炭筆素描般的花紋很有味道，雖是千山萬水之遙遠國度出品，與台味餐桌竟能和諧交融。

「應無所住而生其心」──由來自《金剛經》的智慧話語，用以形容我與湯碗們的遇合過程還真貼切；不有執念執著、心無所住，隨緣而走方能得……人與物之緣之遇，我想就是如此吧！

不圓的盤之必要

自從開始在社群平台如臉書、微博等分享我的一日三餐後，多年來影響迴響無數；其中，和網友的交流對話裡，被問到、提及最多的，除了「這道菜怎麼煮？」，就是有關餐具擺盤的問題了。

事實上，和大家的想像不同，我的餐具收藏其實一點不算多；特別二〇一三年小宅重新翻修、痛快捨離大半後更是精簡，一個中島廚檯大抽屜便大致收容完畢。盛盤擺放與搭配更談不上什麼費心講究，幾乎都是菜餚即將離鍋瞬間，順手拉開抽屜隨意一個張望，看中哪個就抓哪個上場。

所以，每有媒體問我，是否有什麼餐桌佈置哲學？總讓我一時語塞；但若要說全憑直覺似乎也不盡然……久而久之慢慢留心自我觀察歸納，這才發覺，好像還真有那麼一套習慣章法——我稱之為「錯開式」擺盤法。

首先是，餐具本身絕不重複。

出乎向來習慣，財力與居家面積均有限情況下，為能廣兼博愛、多樣擁有，遂而不管杯盤碗碟，一律是一只一只、而非一套套採買；因此在咱家，如家飾雜誌裡那般全套餐具聲勢浩大氣派亮相，是永遠也不可能出現的畫面，反是個個模樣長相各行其是，熱熱鬧鬧。

1. 日本有田製窯
2. 日本大谷桃子
3. 日本陶房青
4. 日本和田窯
5. 日本美濃燒
6. 日本4th-market
7. 台灣安達窯
8. 土耳其手繪盤
9. 越南Bat Trang

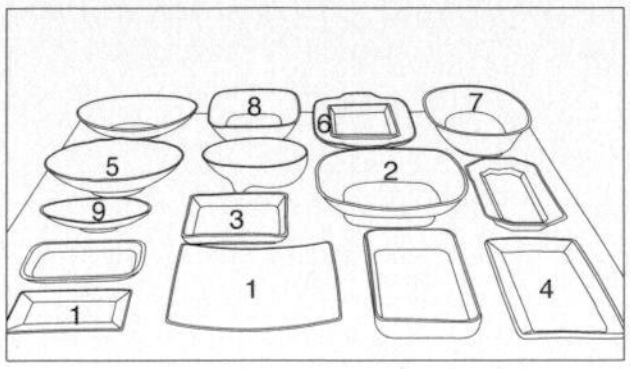

但說也奇怪，也許因向來偏好單純低調簡淨風格，遂而，形貌樣式不統一，卻很少發生彼此扞格不搭的狀況。反是為求變化，每回盛盤上桌、選擇餐具之際，在留意彼此協調性之外，還會再更「錯開」：

不僅和菜色自成對比以能凸顯；餐具彼此間，除顏色、圖案、材質力求不同，最要緊是形狀、甚至高矮深淺也互異。

——是的。我總常下意識地，避免餐桌上只有圓盤。

大大小小圓呼呼團團擺開，看似喜氣討巧，但總覺四平八穩少了點個性與味道。這中間，若能適度加入一二「不圓」的盤，不管是長方、正方、橢圓、長圓，都能讓餐桌剎那變得活潑有生氣。

且實際盛裝，略偏長形的盤，不僅更能容納形狀頎長的菜餚，擺盤時也更能激盪出多變趣味和創意火花。

因此，在我的眾餐具間，不圓的盤始終占有一定比例；餐具店餐具專櫃裡每有相遇，常忍不住多看幾眼，若有投合者，也比圓盤更願意掏腰包帶它回家。

但當然對我而言，不圓的盤雖然必要，卻非完全主角，整體數量仍然少於正統主流的圓盤。畢竟根據經驗，整桌正方長方橢圓長圓，往往太顯紛亂嘈雜，圓與不圓，還是相互攜手襯搭較好。

只不過，不圓的盤越來越多，另一小小困擾是，比圓盤更占位置、難以堆疊收納；為省空間，許多只好盤隙間直立存放，頗費周章……這煩惱，若誰有解決之道，還請慨然分享一下！

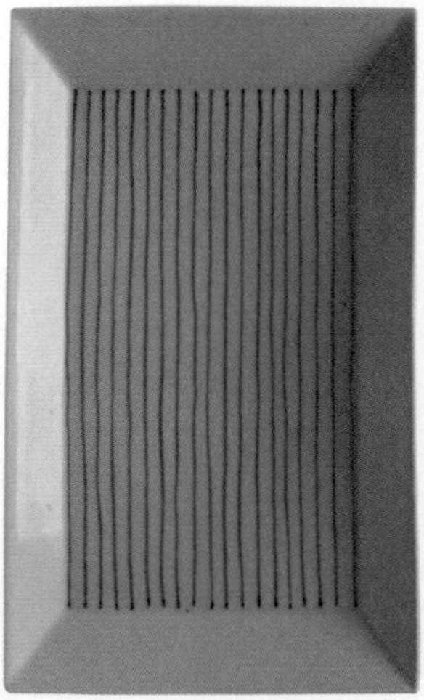

日本田森陶園

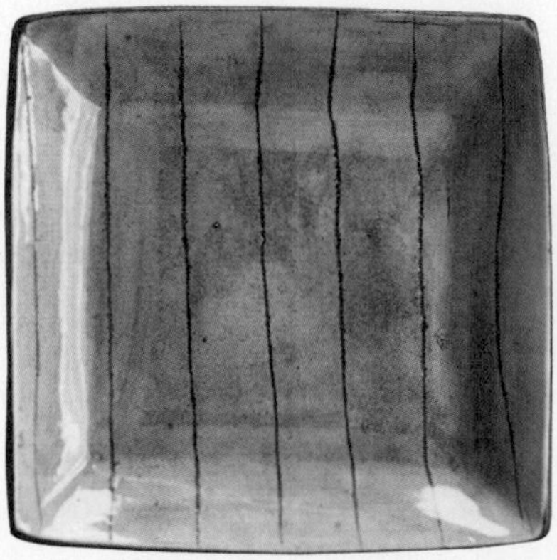

日本沖繩Atelier gucchane

西式湯盤不裝湯

我的飲食喜好雖說極是博愛，然因生就一副東方肚腸，常日三餐看似混融，但細究其中神髓，仍以台菜中菜甚至日菜為主體、兼容些許韓印泰等亞洲風，西菜只偶一為之配搭；因此，家中器皿也以日台為大宗，西式餐具相對比例略低。

然有那麼一類，卻是血統由來西方者較占多數──那是，湯盤。

此類餐盤一般直徑約二十一～二十三公分，中間下凹，深度約三～四公分，盤緣或平或斜，在西餐裡可算常見基本器形。

雖稱「湯盤」，但用途極是寬廣：清湯濃湯以外，也常用以盛裝帶湯汁的沙拉前菜主菜甜點；各式義大利麵點麵餃更是少不了它，因深度足夠，能容多量醬汁外，捲、叉、挖取麵條極是順手方便，許多甚至直接以「義大利麵盤」稱之。尤其近年西菜盛盤形式益發創意多樣不拘泥，湯品常改以碗或砵或鍋、盅盛放，反而越來越少見湯盤裝湯。

在我家也是一樣。亞洲習慣，喝湯定要熱騰騰燙口才夠暢暖，遂總嫌湯盤太闊太敞，薄薄一層沒喝幾口就涼掉，即使煮了西式湯也只肯用碗裝，湯盤照理全派不上用場。

但因為酷愛義大利麵，執戀之深，幾乎一兩周便烹煮享用一次，可算咱家最頻繁登場的西式菜餚，遂自然而然經常留意採買湯盤……嗯，我是說義大利麵盤。

1. 德國ASA
2. 德國KAHLA
3. 義大利SELETTI
4. 台灣羅翌慎
5. 日本中田窯
6. 日本美濃燒
7. 土耳其手繪盤

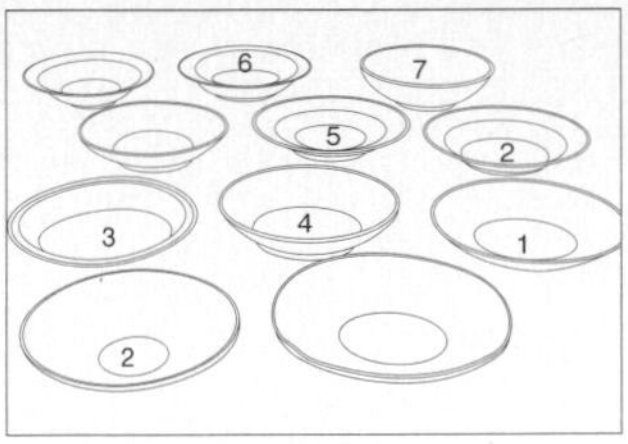

特別數量多了，漸漸發現，此類盤形遠比想像中多用，不只西菜，其他類別菜餚也頗合用：

比方炒麵炒米粉炒飯燴飯，不管大小形狀都比平盤合襯妥貼太多，連本來多以碗公裝的乾拌麵都偶爾撈過界，更添幾分變化；和咖哩飯更是天造地設，咖哩醬與白米糙米飯盤裡並肩攜手，既能各安其位又能和諧交融。

澱粉類主食之外，就連汁水較多的台菜中菜日菜，例如燒豆腐、燉滷蔬菜與肉類，或是較顯鬆碎菜餚如炒肉末等，也大可靠它。

且這西盤東用，美感上視覺上還能為尋常餐桌風景注入些許活潑新意，趣味多多。

目前手中所擁湯盤，若沒記錯，最早來家是德國ASA這只，盤底簡簡單單三片綠葉，簡約宜人；然用著用著卻略覺不足，於是察覺，紋案只在盤底，一旦盛了多量麵飯便全數遮掉，結果與白盤無異，似乎少了些味道；因而就此醒悟，日後選盤都儘量在此方面多些留心。

同樣來自德國的KAHLA則是另個極端，盤邊一圓深藍粗筆塗繪，既寫意又大氣，非常搶眼——只是有時奪目太過，和其他餐具一起上桌，搭配上得少許費點心思以免流於喧嘩，不若同品牌另只純白刻紋Centuries系列嫻靜雅致。

義大利的SELETTI白盤則是意外之得，此牌大部分設計對我而言都稍嫌炫目，唯獨這只白盤，盤緣宛若塑膠盤般皺褶，素樸淨白中透著風趣。一派稚拙手工感這只則購自某歐洲鄉村風道具店，素來不愛此風的我，純粹出乎直覺隨手買下，沒料到用起來卻極出色，不管裝什麼都好看。

歐洲品牌之外，日台出品雖屬少數，卻也同受鍾愛。近年新歡是台灣陶藝家羅翌慎的黑色陶盤，釉色渾樸中透著幽幽微鏽金屬般的潤光，韻致別具，與色澤鮮亮明媚食物特搭。

日本岡山T POTTERY

如畫。圓平盤

年少時愛翻國外居家雜誌，有那麼一類畫面，每常讓我停下目光：大大一面牆上，掛滿了各色大大小小、多樣紛呈的圓平盤，總讓我一只一只端詳再三，留戀神往。

然有趣是，雖然曾經憧憬，甚至長大了、擁有自己的住處後，也曾嘗試買下一二專做此用途的掛架，但我卻始終不曾真正將任何一只盤子高掛上牆，依然只在餐桌上、廚房裡亮相。

原因一來，現實情況是，小宅空間侷促，根本沒有多餘牆面容得這般揮霍；更重要是，對器物的看法越來越務實踏實——用即美，生活裡日日摩挲撫觸使用，那徐徐溫存凝鍊而出的情味情致，才是真正深刻恆長。

遂而在我家，純裝飾用途的物事相對極寡少，特別器皿，若非真正堪用合用，否則定然不留，更別說一整牆平盤全掛在那兒光只為觀賞……於是，縱有再多留戀憧憬，也就漸成淡去的舊日回憶了。

但因此生出的，對形色美麗圓平盤的好感，卻從那時候起一直維持了下來。

平盤之美，在於平整開闊，遂宛若畫布一樣，紋案圖繪都能朗朗呈現。用途上也極是寬廣，各國各地東西四方、只要非為湯汁多的菜餚，幾乎什麼都能盛能裝；所故積累多年下來，自然而然蔚成家中各類盤皿中最是軍容壯盛聲勢浩大一系，所占比例最高全是它。

尺寸也最多變化。從大若臉盆到小只一掌盈握，幾乎各種直徑都出現過；且奇妙是，無論是何大小，若看對眼且盡管放膽備下，實際應用，大盤裝大菜、西式主菜＋配菜；中盤裝各色台菜中菜、特別熱炒類菜餚最合襯，吃西菜時還可充當骨盤；小盤則裝涼拌菜與點心……都能找到合適菜色讓它們巧巧派上用場。

至於形制，平心而論，還是經典傳統，稍有一點盤緣、一點圈足，面面俱到剛剛恰好最穩當——那些玩創意耍花招，全只是視覺上看著帥看著爽：比方平整太過、少了些深度與高度、甚至直接與桌面貼齊的，不僅不好拿不好放，還常汁液流溢，平添麻煩，一律畫叉。

至於圖案，如前文所說，既是最能表現紋繪之美的盤型，因此，雖一如向來在器物上的美感傾向，顏色樣貌某種程度還是簡約低調、抽象圖紋為多，但因先天預期裡已先把圓平盤當畫布看，遂比起其餘器形來，尺度似是更多些放寬；遇有繪筆突出意境優美的，即使略顯繽紛或個性濃烈些，也願歡歡喜喜接納。

但久用下來卻也越來越知曉，絕非一逕搶眼奪目就行，畢竟還是家常日用、非為純粹藝術品，還是有些眉角需得留心：

例如無論如何還是萬不可繁複華麗太過，喧賓奪主壓倒料理風采；此外，一如前

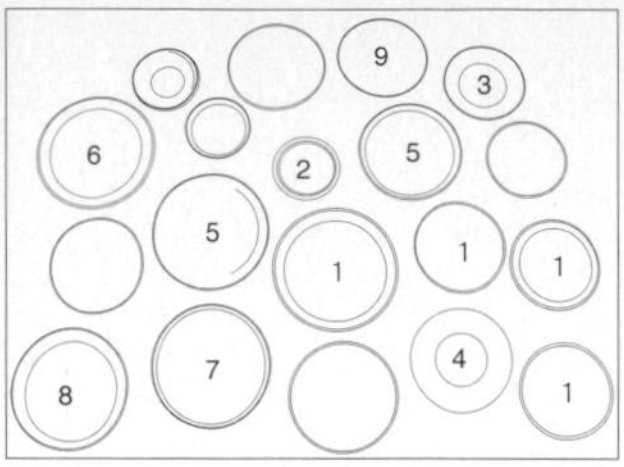

篇聊過的湯盤，圖案避免只在盤中央，稍側些為好，以免一裝盛菜餚便全數遮掉，與乾巴巴一只白盤無異，再美也是徒勞。

水果皿，與盅

可能已有不少讀者從我的過往文字和餐桌分享裡知曉，自小台南家裡耳濡目染養成的習慣，飯後吃水果，一定切盤。

除了葡萄、荔枝、草莓等可以一口吃掉，其餘，即使再難對付的水果，也絕不原顆啃咬，定然好好去皮去籽切塊盛盤。

為此總有人笑，明明做菜最是貪懶偷工，怎麼吃水果這麼不怕麻煩……非也非也，對我來說，反是一整顆啃得咬得嘴痠牙累且還汁渣四濺難以收拾才叫麻煩，還不如先稍微費點功夫，廚房裡分切處理了，乾淨俐落盛裝容器裡，持叉悠然享用，才是真正方便舒坦。

也因日日餐餐都有水果切盤為伴，遂而水果盤水果皿水果盅也是咱家餐具裡極是不可或缺責任重大的一項。

但有趣是，此刻回想，有些驚訝是，平時採買餐具之際，不知為何卻從來不曾把這用途真正放在心上，眼裡意識裡全只為正餐所需搜羅設想。

然漸漸地，就有那麼幾只盤皿、碗盅，自然而然從那邊廂跨界過來，開始頻繁在餐後水果時間粉墨登場。

這些水果皿水果盅的第一共通點是，個頭都不大。畢竟家裡只兩人吃飯，多了徒

1. 台灣紫藤廬（蔡曉芳作品）
2. 日本沖繩一翠窯
3. 日本THE MODERN JAPANISM komon系列
4. 日本樹ノ音工房

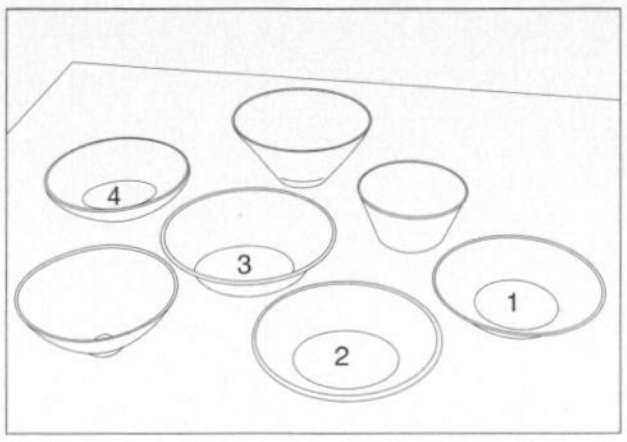

生負擔，尤其堅持現切現吃、吃多少切多少，才夠新鮮多汁味上乘；所以，約能容得一到兩顆切開蘋果或橙柑份量，剛剛恰好。

正圓造型占比最高——此點純粹出乎情感因素，只因自小到大所見所用水果盤從來最多皆是圓形，遂除非偶爾與菜餚同時上桌、另有搭配考量，否則不知不覺伸手所拿所選都是圓盤。

盤型深度足夠，可將水果聚攏著堆高高，視覺上豐盛喜氣討巧且好叉好拿，遇有水份多的果物，即使略有搖晃也不怕外溢弄髒桌面。

若是莓、葡萄等不需切分的小巧水果，則常以碗或盅盛放，尤愛開敞開闊碗緣與玻璃材質，滿裝後很是豐饒好看，且吃多少剩多少一目瞭然。

而檢點此刻常用的這幾件，年歲最老，來自茶藝館「紫藤廬」，是年輕學茶時期所備；原本是用於盛放紫砂與紅泥小壺的茶盤，形貌澹泊素雅，盤裡一圓未上釉的「澀圈」，復刻自古早陶瓷器的「疊燒」痕跡，別有意趣，是當年我的心愛茶器之一。

後來，日常泡茶方式改變，極少再需要動用此類茶盤了，於是，就這麼理所當然從茶具櫃遷進餐具抽屜；且因這淡雅氣質，不忍以濃油菜餚沾染，遂除涼拌菜和點心外，最常是各色餐後果品，簡淨清爽。

之後，接續加入行列的果皿夥伴，形制遂也大多雷同：沖繩讀谷一翠窯，是其歷來作品裡相對較顯素樸的一只，然沖繩陶器那奔放率意個性依然款款流露。日本美濃燒THE MODERN JAPANISM的komon系列「麻の葉」小砵則是傳統窯元的創新之作，黑白紋案大膽奔放，甚是奪目。

會津本鄉燒的樹ノ音工房的粉引白小砵，以名為「縞」的手刨技法於盤裡刻鏤出細細條紋，讓直紋控的我分外傾心。

小碟小皿樂趣多

很喜歡日本一種食器的命名：「豆皿」。日本愛以「豆」形容小，如稱小常識為「豆知識」；豆皿，則顧名思義，小碟小皿也，但以「豆」為名，似乎更多了些靈動小巧氣息，惹人多生幾分憐愛。

據說此刻日本器物界，豆皿極受歡迎；一說是形制迷你，故即使名窯名家之作也能輕鬆擁有；二來現代都會生活，單身或兩人家庭漸多，加之新一代飲食方式與喜好也漸趨少而多樣，促使原本用以盛裝醬料的豆皿漸漸轉為菜皿，一時大行其道。

說來湊巧是，長年來在我家，小碟小皿也同樣多半非當醬料醬油碟、反是裝盛菜餚與點心為多。

其實從小，醬油碟原是台南家中餐桌必備之器。府城家常庶民料理，白灼白切菜色頗多，沾配醬料必不可少；且醬油和醬油膏習慣以糖調味，香甜甘潤非常討喜，許多人自小嗜食醬油膏：「欸，是吃醬油膏配肉、還是肉沾醬油膏啊？」——每常見誰一片肉抹盡一碟醬，引來舉桌打趣訕笑。

遂而幾乎日日餐餐桌上總有一二醬油碟，若白灼菜當主角，甚至一人一碟不用爭搶。

但素愛清淡原味如我，這幾碟醬油卻是少碰的，至多頭一兩筷試個味道，接著便不知不覺忘了它的存在；後來北上定居，全隨己意打理三餐，就更用不上額外醬料了。

但這並不意味著對小碟小皿就此失了興趣，更不曾因此在自家餐桌上絕跡，反是很快便發現，盛裝醬料固然不常派上用場，但對付小份量料理點心卻是剛剛恰好。

比方宵夜小酌時刻，一小塊糕點、兩三片餅乾、幾枚巧克力、一撮堅果，小小一皿，美味無負擔。

最重頭戲則是一兩周就會吃上一回的清粥小菜，最喜歡以多樣醬菜漬物配搭——這會兒，就不能光靠正常尺寸圓盤方盤撐場面了，反該各色小盤小皿出頭擔綱：巴掌大的盛醬瓜、筍乾、肉鬆、蘿蔔乾，小小不到五六公分直徑的則歸鹹度高、淺嘗即止的豆腐乳、蔭瓜、梅乾。

而有趣是，雖愛「豆皿」之名，但手邊這些小盤小皿，日本血統占比卻未如其它類別餐具來得高，出身台灣、東南亞各地也不少。特別小尺寸者，許多都非最常見的平碟，私心更偏愛深碟……其中有幾枚甚至原本其實是功夫茶杯，看著形狀開敞平闊，乾脆移作豆皿，果然更上手合用。

原因在於，如豆腐乳、蔭瓜、梅乾等，都需以筷子剪夾取食，有略具弧度的碟緣

1. 台灣PEKOE復古飲食器
2. 台灣夏門生活
3. 越南Bat Trang
4. 日本 studio m'
5. 日本 La merise by Atsuko Matano
6. 日本天下一筑後窯

屏擋，相對好施力得多，即使筷功笨拙、也不怕失手將菜餚推落桌面。當然，回歸醬料碟功能，深碟也比淺平碟踏實穩當得多。

於是，一桌子有圓有方有高有低深深淺淺熱熱鬧鬧，碟皿雖小，依然豐盛富饒。

簡單為美，筷子

始終認為，比起西方的刀叉來，筷子，毫無疑問是更輕巧優雅聰明的餐具──光只兩支細棍，形狀極度簡單基本、功能卻無比強大：隻手盈握，便挑、剪、切、拌、推、撥、劃、夾、鏟、撈……無往不利，任何大小狀態食物都能輕鬆對付。

有趣的是，也許是這太基本卻也太完整強大特質，餐具設計與工藝領域中，筷子毋寧是最安靜、變化最少的一類；長相千篇一律大同小異，最多換換材質、換換顏色圖案，幾乎數不出有過什麼令人眼睛一亮的創意發揮，也說不上有哪些膾炙人口恆久流長的經典巨作。

──柳宗理大師便曾說它，本身已然完美俱足，再沒有任何設計必要了。

但當然，隨國度地域不同，筷子的長相還是有微妙差異。據我的粗淺觀察，中國與南洋筷頭圓厚、筷身前後粗細較顯一致，日本筷頭尖細、筷身頗多頎瘦纖巧之作；台灣大致介於二者之間，且漸漸越有往日本筷靠攏趨勢。

我自己呢，也確實私心偏愛尖端細巧的筷型，操持靈活俐落，利於夾取小巧甚至滑溜滾圓食材；至於筷身，雖覺纖瘦者用來手感輕快，但遇沉重厚實菜餚，也偶有使不上力之感，遂還是中庸為佳。

筷體則愛四、六、八角遠勝渾圓，好拿好握之外，置於筷架或盤碗上也安定穩妥、不易打滑滾動。至於材質，從來獨鍾木筷或竹筷，溫暖渾樸觸感與潤澤天然

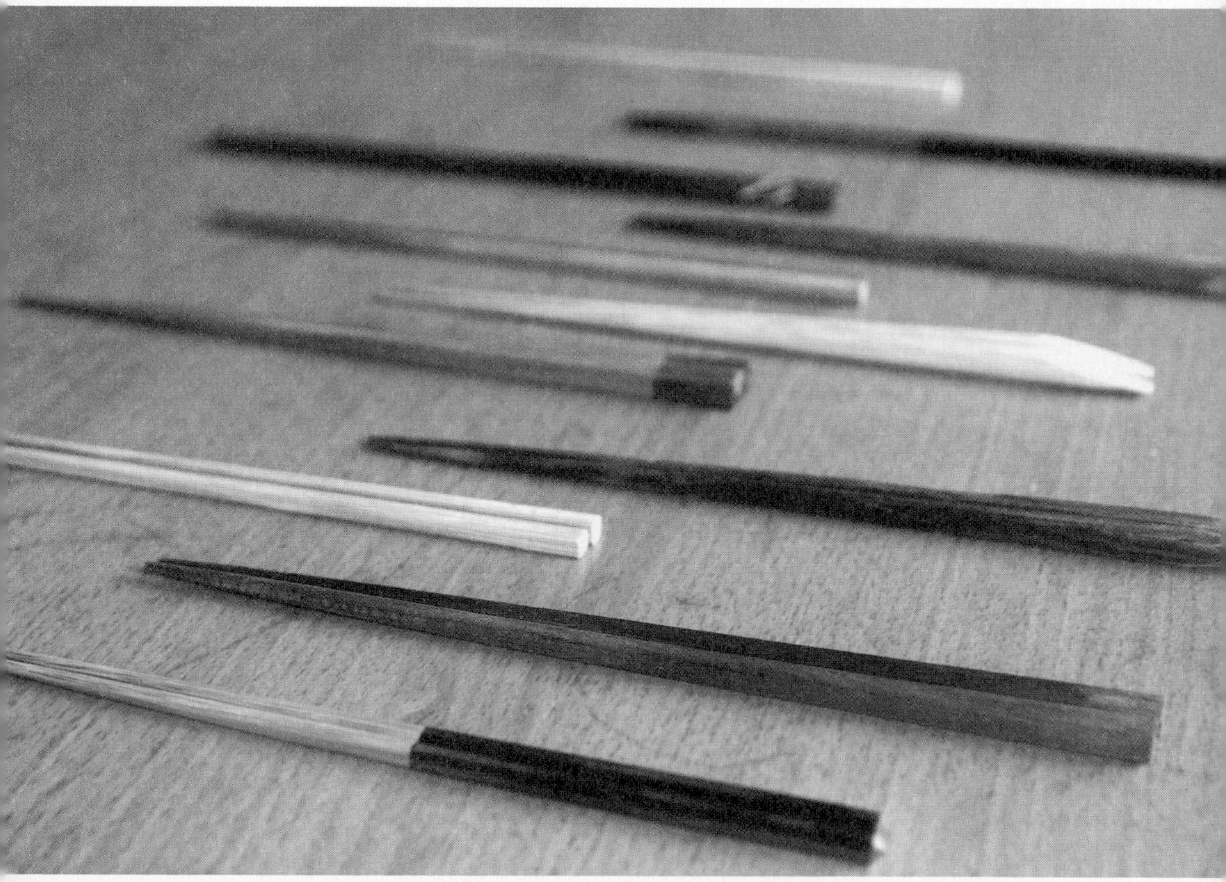

顏色，遠非粗陋的塑膠筷或冰冷滑手的金屬筷能比。

顏色紋案，出乎一貫內斂低調的審美喜好，以及回歸筷子的純粹機能取向，越樸素越覺舒服好看。所以向來採買時總是下意識避開繽紛多彩筷，眼光只往單色、至多雙色筷聚焦。當然也不愛亮閃閃的表面塗漆，經年使用下來逐漸斑駁滄桑，難能久長。

而說也奇妙，即使力持簡單原則，多年來逐步添購，特別日本旅行時分，每遇餐具雜貨鋪，便特別愛看筷子；且一如選擇其他餐具習慣，喜歡一雙兩雙、而非整把整套買，遂漸漸也累積了各形各款不同筷子。但隨歲月輪轉，卻越來越發現，每到用餐時分，餐具抽屜一拉開，順手抓出總常是最憨拙謙遜無華的原木、深黑色那幾雙……

細細琢磨才慢慢想通：畢竟餐桌上，各色菜餚再加上盤皿砵碗已夠紛呈，置身此中、且定然缺它不可的筷子，反而越沉默沉著，越顯存在感不凡。

果是獨樹一幟筷子美學，玩味不已。

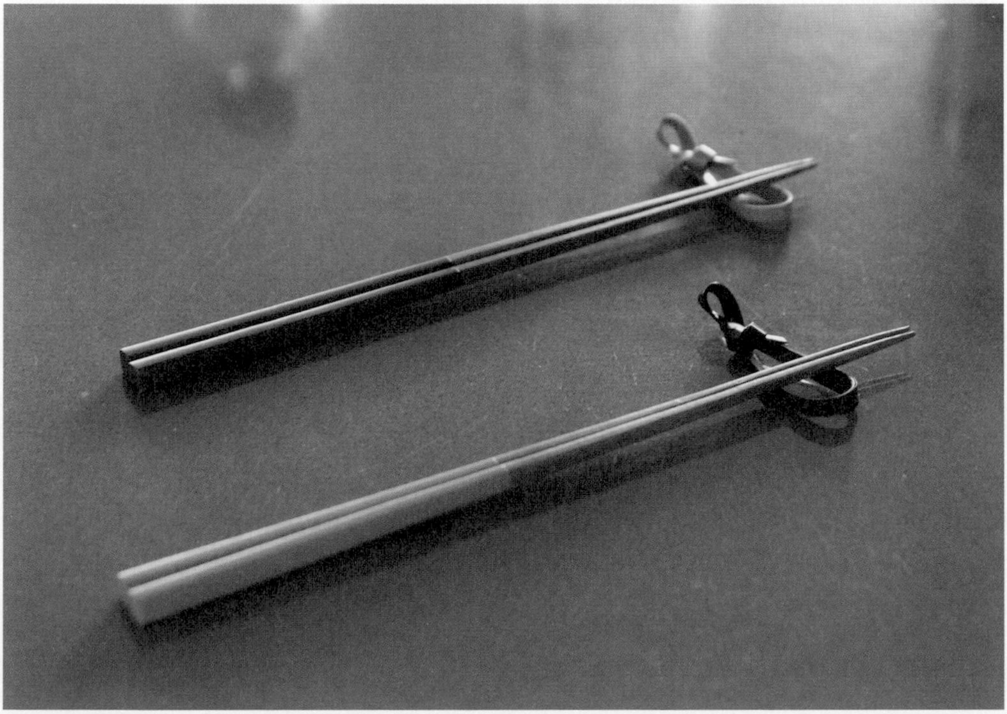

日本公長齋小菅

應更灑脫，筷架

各種飲食器皿類別中，筷架，應可算是最晚才加入咱家餐桌行列的一項。理由有點可笑——因為，終於有了洗碗機了！在此之前，一來廚檯晾曬空間有限，二來出乎家事平等分工理念，洗滌工作全由另一半一肩挑起，擔心「洗碗公」負擔太重心生埋怨，每餐動用道具始終能省就省、能兼就兼。

即使深覺確是當用之物，但畢竟也不是非有不可、沒它就無法吃飯，遂都還是忍了下來……直到數年前居家全面翻修，廚房面積一口氣增長為兩倍大，歡歡喜喜迎了洗碗機進門；這下，長年顧慮壓抑一掃而空，雖因素愛簡約俐落、依然審慎節制不讓累贅無干多餘器物上桌，但一償多年懸念，最先啟用的，就是筷架。

筷架此物常見於日本，稱為「箸置き」，歷史最早可一路追溯到平安時代。中國於南宋時期雖於宮廷宴飲中曾發展出「止箸」，但未成流風。

通行日本原因，據說是因日本人將筷子視為神聖之物，長年流傳各種各樣多如牛毛的規矩和禁忌：比方筷尖不可朝前、只能平行置放近身處，不可翻攪菜餚，不可與他人共用，不可舔舐筷子等；特別忌諱將筷箸架於盤碗上，故使用筷架以方便置放。

——但說真的，即使不談禮儀問題，筷子安放筷架上，不與桌面或其他餐具碰觸交疊，顯然乾淨爽朗不少。

1. 日本Dye's
2. 日本東屋
3. 日本西海陶器
4. 日本AITO
5. 台灣JIA
6. 香港住好啲
7. 日本 La merise by Atsuko Matano

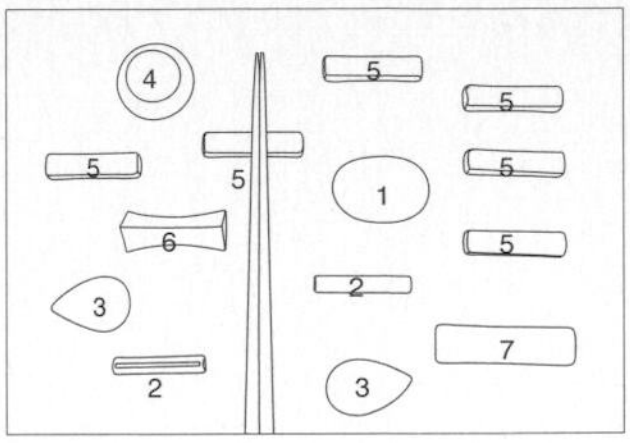

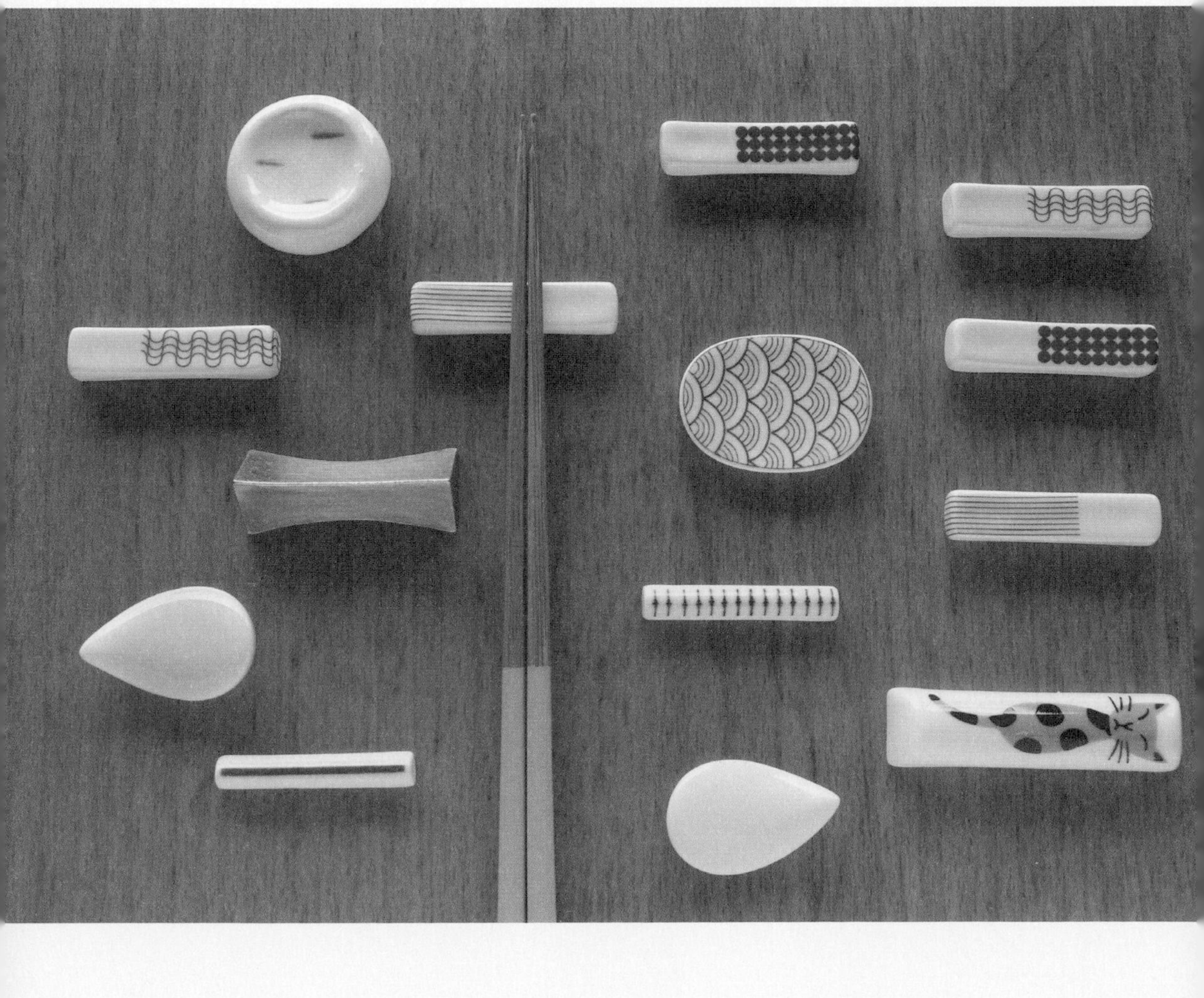

既已開始使用，首要任務就是四處物色筷架。然而一如前面偶而提及，隨年歲增長，對新添器物越來越保守，幾年下來累積數量不多，但好在也還足供日常使用。

添購速度遲緩原因，一來出乎美感上的挑剔：說也奇怪，是物件小巧緣故嗎？相較於其他餐具來，市面上筷架的顏色圖案似乎鮮豔繽紛者居多，且常為可愛具象之蔬果動物造型——不僅和咱家餐桌氛圍頗不搭，且照道理說，比起杯盤碗碟來，筷架可算配角中的配角，這麼搶戲合適嗎？

再從實用角度看，形貌奇特者往往也不夠牢靠，常得費心「瞄準」、不然很容易打滑，從來機能至上的我更是瞧不上；連圓盤形都覺不夠妥貼，還是規規矩矩細長形體最穩固穩當。

材質，因是直接碰觸筷尖之物，遂獨愛陶瓷的明亮光潔易清洗……講到清洗，說來尷尬，由於筷架體積太小，放入洗碗機後常從網籃間隙滑落，到頭來仍舊只能手洗，完全違背當初解禁初衷，但已然依賴成習，再回不了頭了。

另一頗堪玩味是，為了此回寫文，將手邊所擁一眾筷架全數取出攤排開來拍照，當下一看不禁失笑，果然老毛病又犯，八成以上都是家中餐具素來占比最高的青花紋案。

——回想過往曾在日本某料理生活家的文章裡讀到，說喜歡撿拾石頭、樹枝、珊瑚，甚至把新鮮的帶殼花生、毛豆洗淨當筷架，意趣滿滿……剎那萌生幾分反省之心，似乎也該偶而鬆鬆這頑固龜毛脾性，再多些灑脫自在才好。

基本款之為用

曾經，對所謂「基本款」生活品懷著複雜的戀慕和憧憬。那是很多很多年以前，擁有了自己的家、開始添購日用工具道具器皿家品後，逐步萌生的渴望、或說焦慮心緒。

那當口，國內生活與設計品味尚未真正普及，古早時代的優美民藝工藝也早已湮埋消逝；青黃不接時刻，市面上充斥的，若非大規模量產的低廉俗豔物件、就是價昂不可攀的頂級進口品，對當時才剛成家、荷包不豐能力有限的我們來說委實傷神。

遂而，每到旅行時刻，總忍不住花上許多時間在家具餐具店流連，這裡頭，大師名匠之作固然惹人駐足，然較具平實氣息的賣場卻分外吸引我的目光：比方日本的無印良品，英國的Coran Shop、Habitat，在這樣的店裡，俯拾儘是價格平實、造型顏色簡簡單單但好看別致，我膩稱為「基本款」的家飾家用品。

素淨的白瓷白陶餐具、模樣敦厚的木頭托盤或沙拉盆、玻璃花器、不銹鋼調理盆、不上色不上漆的整打鉛筆、草編或胚布鍋墊杯墊收納籃洗衣籃、樸實無華的衣夾鍋墊漱口杯雜誌盒馬桶刷垃圾桶……當時，每每端詳這些器皿器物，總抑不住滿懷嫉妒憾恨——太平易太日常，行囊空間有限，無論如何沒理由沒氣力也並不真的想整批打包回來，但卻心知肚明一直尋覓的缺少的就是這些。

然後，歲月一點一點朝前邁進，不僅此類品牌、商場開始一個接一個進入台灣，本地設計與製造也慢慢萌芽；但說來奇妙是，雖然滿心歡喜慶幸，也真的即使非為有缺也常不知不覺信步走入、這兒摸摸那兒看看。

然而，卻一點未如當年發願：「一旦唾手可得就全部帶回家」……箇中原因，當然是物欲淡了、也更謹慎了，太知道多擁有只是多生負擔，寧願一件一件慢慢琢磨，即使再平常不足道之物，也非得確定是天長地久之愛才願入手。

遂而，太過基本，便多半入不了眼了，簡約固是必然，但總希望簡裡還能再多點韻致味道才能恆久耐看。

因此，除了少數日用工具道具外，鮮少考慮基本款；特別餐具器皿，即使當年一度衝動買下，後來也多半都捨了——只有一樁例外：全套大同白瓷餐具。

只因對我而言，這由來意義不同一般。

那是，二十多年前結婚前夕，各樣習俗禮儀上必須之物都大致備妥後，母親問我，還有沒有特別想要的東西？

剎那，心上浮現的是，高高供在客廳玻璃櫃裡，母親的嫁妝之一：全套彩繪著棗紅喜慶紋案的餐具。那是外婆的饋贈，中間蘊含的是，期盼有了自己的家庭的女兒，也要好好吃飯好好度日的祝福心意。

「我也要這個！」我對母親說，但我不要任何華紋麗彩，常日器用，只要最最樸素單純的就好；於是迎來這套、咱家裡最是陣容整齊壯盛的基本款大軍。

結果，一如前面所述，雖非如母親的嫁妝般長年沉睡櫥櫃裡，但也只能偶而穿插、無法日日餐餐頻繁使用，然若有眾多賓客同時來家，我那多年堅持的「不成套主義」頓然失靈告急之際，還真是大大派上用場。

每思及此都不禁莞爾，過去現在，基本款之為用，還真是咀嚼玩味不盡的課題哪！

日用之器，平實為好

此書付梓前數月，受邀參加鶯歌陶瓷博物館的年度大展「飲食物語—陶瓷器皿與文化的日常」中的「大家的餐桌」主題展，將我的日常餐桌器物與擺設搬至博物館中展出。

展前數日，佈展完成後，順道參觀了其他的展檯，剎那不禁莞爾：相較其他參展者，我的餐桌器物不僅來源極是分歧，台、日、歐洲與東南亞各地均包括，且皆為平實日用之作──果然一問，所提出的展品價值總額也是最低。

頗能代表我的器物觀。

是的。我之看待日常餐桌食飲器用向來絕不追高。那些價昂的珍稀的罕有的難能高攀的名器名物，從來總是欣羨遠觀就好；真正所欲所用，必然以能力心力可及可負擔為前提。

只因相信，人與物間的情致，無論如何還是君子之交細水長流為好。

雖說出乎一貫堅持，宛若盟誓一樣，每添一物，都定然再三確定是真正需要、非有不可，且願能終身依戀、相伴相守，方才肯出手。

但即使如此，同樣知道是，人與物間的緣份其實無常，即使再多呵護憐惜，舊殘損破依然難免。最重要是，都是日日重度使用之器，非為收藏展示而存在；尤其

（圖片提供／新北市立鶯歌陶瓷博物館）

本身也非容得縱情揮霍、得失全不放心上的富裕之家，膽識氣魄俱不足，若昂貴太過，心有罣礙顧忌，相處起來綁手綁腳、無法真正灑脫放鬆，反而本末倒置了。

所以，早從一開始便為自己設下嚴格規定——年輕時阮囊不豐，以千元為門檻，等閒不輕易越份；現在寬裕些，標準稍微往上放寬，但還是習慣時時警醒，再三考慮為要。

遂而，從不避忌四處遍見的工業設計量產品，就算出自著名窯元或職人，也非為精雕細琢藝術品，而是簡約渾然而就、甚至規格化半手工製作之樸實日用品。

雖然因此只得將不少暗自心儀憧憬的名匠藝作全屏擋門外，卻漸漸發現，這樣的持守，心胸與眼界似乎更寬廣開闊：

不受價格名聲惑誘，更不為等級之高下貴平牽動，明白純粹只從「用」與「悅」出發，確實好用、派得上用場且質感樣貌能動我心，便歡歡喜喜納為餐桌廚房夥伴。

特別多年下來，日日操持咀嚼，更越來越能懂得，在此原則下所擁所得的器物，自有一種迷人的踏實篤定之氣。

一如日本民藝大家柳宗悅等人所經常高舉的「無心」、「無事」、「莫造作」——因應常日所需、從「平易」中孕生，不求極致不求超越、不刻意雕琢造作；乍看或許平凡，卻能在日日生活裡點滴摩挲出溫潤自在、且與其餘器物親切和融的韻與美。

而這美，才是真正端莊強壯、恆長入心。

問名

兒時曾讀過張曉風的一篇散文〈問名〉。她說：「自始至終，我是一個喜歡問名的人，」「也許有幾分癡，特別是在旅行的時候，我老是煩人的問：『那是什麼？』」「問的都是美好的名字，一樣好吃的菜餚，一塊紅得半透明的石頭，一座山，一種衣料，一朵花，一條魚……」

我也是。不管旅行或日常，身畔周遭，每與動人物事相遇，我也常愛問其名字、探其由來。就連家附近花店食材店水果攤也都習慣了，有個熟客總是「這是什麼？產自何處？」問個不休，非得弄清身世源頭才肯買單……

但有趣是，對於物，這好奇心似乎相對不那麼熾烈。

其中緣由，一如序文所述，在幡然醒悟，我之尋物覓物，所為所求者，其實非為物之本身，而是讓生活讓飲食更開闊細緻美好的可能性後，心念一轉，從此再不追名追高，只從最機能本質著眼。

故而，能否堪用合用、真正融入我的居家裡日常裡，久久相伴相依才是關鍵，來自何處何人、是何姓字，遂全不在意不上心。

一如我長年信仰的日本茶道與民藝美學的追求：無名、無心、無意識，貴「雜器」輕「名器」……也像人與人間的相遇相處：門第出身、背景名姓都不重要，唯有真心直性清白清明裸裎相見，方是得能相契而後相守之道。

導致直到開啟此系列書寫後才發現，許多陪伴多年的情深摯愛之物，除了原就是敬慕傾心的品牌、工坊、設計製作者之外，竟有不少，對其來源所屬全然不復記憶一無所知。

於是，彷彿一趟追索之旅，一件一件，或是翻看背後品牌或窯元印記，或從賣店來處、紋繪風格等蛛絲馬跡，一路推敲網搜尋問其究竟是誰為誰……

然後，就在這過程裡，越來越察覺，這「問名」過程，自有樂趣。

「咦，原來是你啊！」「欸，那也難怪了……」每有新得，常不知不覺發出這樣的喟嘆。彷彿已然水乳交融多年、熟稔已極的老友，突然知了底細底蘊，頓然萌生豁然開朗恍然而悟之感。

比方那幾枚以極低廉價格、甚至是年少初成家時從百貨公司特價花車上得來，卻分外勇壯耐用至今的盤碗，果然都出自那幾處本就是以日用陶瓷為屬的地方民窯。

比方那幾只越用越見情味情致的壺杯，就此知曉品牌或作者後，再看其餘出品，確實都投契共鳴，便就此留心；當然只此一件、其他都不鍾意的情況也所在多有，卻反而讓人分外珍惜，這茫茫物海裡的偶然知遇委實不易。

至於那些遍尋不著出處，依舊沒沒無名之物，則多生幾分憐疼——無妨無妨，且待緣份到時，自然得識。

「而問名者只是一個與萬物深深契情的人。」文中，張曉風如是寫道。

然對我而言，無論問不問、知不知名，都早已重重依賴、深深契情。

飲之器

Chapter Two

一路走來，紅茶壺

早前，因寫作《紅茶經》緣故，將手邊常用紅茶道具做了一回全面檢視盤點；遂對茶器茶具之一路相伴歷程，不免多有感發感慨。這其中，茶壺，可算特別百感交集的一類。

身為日日泡茶、喝茶，將茶視為人生重要必要事的愛茶人，對於茶壺的形式機能與實用上手程度，不免多有執著。

所以過往，每每談到我個人如何看待設計，最常舉茶壺為例：「一只茶壺，不管長得再怎麼絢麗奪目，若不能泡出香氣四溢、滋味俱足的好茶——相信我，那些方的尖的扁的稜稜角角的、不能容得茶葉在茶壺裡自在旋轉跳舞的，通通不行……」「無法真正走入、融入生活裡，到頭來絕對只能讓人一時短暫驚奇，最終，必遭厭膩揚棄。」

但說真的，自認所求並不算挑剔：形式渾圓矮胖、留予茶葉足夠的空間，壺嘴曲度、長度、口徑與壺身比例對應適當，壺把穩妥好握，材質以保溫傳熱穩定的陶瓷為佳，顏色獨愛白色、可以清晰展現茶湯光澤同時搭配寬廣，樣貌簡約優雅有韻味，大小則約容二~三人份量剛剛恰好。

尤其不愛常見內附的長筒形濾網，空間不足，茶葉無法充分伸展活動，風味常隨之大減；最偏好是近年越來越風行、直接於壺身內壁與壺嘴間設置濾孔或金屬濾

1. 日本Takano
2. 法國LES SAISONS CAFE CRITIQUE
3. 日本ZERO JAPAN
4. 日本白山陶器MAYU
5. 日本Kinto COULEUR
6. 德國KAHLA

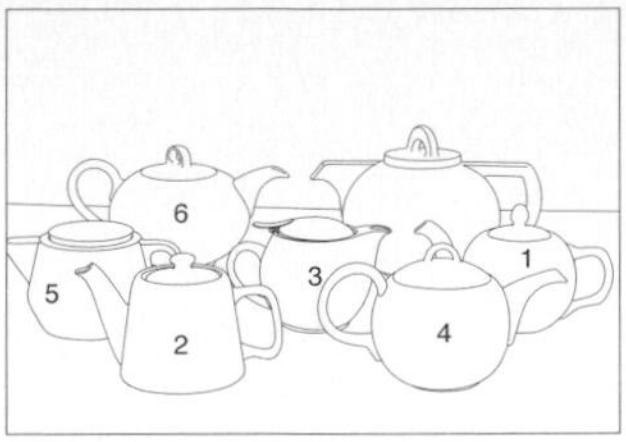

網濾茶，最貼心好用。

——嗯……結果一路數完後自己也覺刁鑽。事實上，也因了這些堅持，多少年來尋尋覓覓，總難圓全。

然而，雖說生來一點不肯遷就敷衍個性，但畢竟百分百合心合意好壺難得，於是，八十分、九十分，大致符合標準的茶壺就這麼慢慢一個一個來家，且長年下來日久生情，一旦用熟了，即使後來添了新壺也不曾稍減眷愛之心，日常裡依然經常輪用，不忍捨離：

最早期、已然陪伴超過十五年的，是來自日本紅茶專家高野健次的紅茶店Takano、以及購自吉祥寺的普羅旺斯LES SAISONS的CAFE CRITIQUE茶壺，一者形制正確基本、一者樸拙中流露淡淡鄉村風，都頗合用。

歲數約十年的ZERO JAPAN雖壺口略短，但得利於精心設計的活動金屬蓋，單手就可開闔，十分爽利。

最淺齡的日本白山陶器MAYU茶壺與Kinto的COULEUR波佐見燒茶壺，則是如前述、在壺身內壁與壺嘴間設有濾孔的壺型；特別前者，從比例恰到好處的壺嘴、寬大好握的壺把、到方便拎取的半環形壺蓋摘鈕都深得我心……若濾孔大小能再細緻些，就真的幾近完美了！

剛剛恰好，一人茶壺

一如前篇所述，飲紅茶、寫紅茶多年下來，對紅茶壺逐步累積成各種挑剔講究；但真相是，到後來，早餐奶茶之外，其餘時間泡茶，特別是純飲的紅茶青茶綠茶，卻較少用到文中提及的這些紅茶壺。

原因在於，一壺動輒二三杯以上容量，對大半都只一人在家的我來說委實太大，不好拿捏；雖然也不是不能一次全泡起來再一杯杯慢慢倒，但多餘茶湯留在壺裡，難免衍生經久泡澀、涼透狀況，讓向來最挑嘴的我著實為難。

當然還有另種選擇是，辦公室裡常用常見、套上濾器的「同心杯」，濾茶回沖都方便。但畢竟早已卸下上班族身分多年——我常戲稱，就是為了好好泡茶，才決定離開職場在家工作——無論如何都不可能回頭委屈遷就這類因地制宜道具。

遂早從二十年前起便開始尋尋覓覓，足能一人泡茶的理想茶壺。

其時，因應逐年蓬勃的單身消費趨勢，市面上不乏此類產品零星問世，但多半是直接將白瓷茶壺等比縮小，沒什麼趣味；不如乾脆直接挪用年少修習茶藝時期添購的紫砂、紅泥黃泥小壺以及中式蓋杯，還多幾分雅緻。

結果那當口，日本旅行之際，驚喜邂逅了日本玉露茶專用壺：形制大小一掌盈握，從體積到容量都恰恰剛好，壺口處還細細鑿了濾孔，可俐落擋去茶渣，極是合心合意。

只可惜，雖然就此一見鍾情，但因是玉露壺，專為五六十度低溫沖泡之纖柔茶性打造，壺柄提把皆無；若遇其他茶類，煎茶七十度、炒青綠茶八十度、青茶烏龍茶紅茶黑茶九十度以上……可就燙得握也握不住了。

卻自此得了靈感和啟發，結合多年泡茶心得經驗，轉而設計了我的個人茶具組「讀飲」。全套讀飲茶具共三只：壺、杯、盅各一，以一人獨沖獨飲，且能順應不同茶類溫度、簡單俐落方便操作為概念成形。

這中間，花費最多心思的莫過於茶壺了：樣貌類似玉露壺，也同樣設置了濾茶孔洞；但形體更渾圓、容得茶葉上下左右旋轉躍動，壺身兩側另安上墊片，以能隔熱並輕鬆握持。

果然此之後，杯與盅雖各有所用，但還是這只壺最派上用場；至今雖已售罄絕版多年，好在當時私心多留了幾只，幾乎日日沖茶都靠它，是我最依賴不可缺的主力茶伴。

後來，又陸續添購了兩款一人壺：其一來自鶯歌街頭的偶遇，應是由中式蓋杯脫胎而出，宜於葉片較大而完整的台灣與中國茶。

另款「常滑燒」則為京都一保堂的出品，形貌溫潤靜雅、韻味深長，手感絕佳；容量比其他略大，想大口大杯喝茶時最是暢爽過癮。

1. 日本玉露壺
2. 我的「讀飲」
3. 台灣鶯歌
4. 日本一保堂常滑燒

且掬一壺清涼

盛夏，正是咱家冷泡茶季熱熱烈烈上演時節——已然維持將近二十年的習慣了，從暮春起始，我的冰箱裡隨時常備冷泡茶：紅茶、綠茶、烏龍茶，解渴、佐餐、待客、調飲……除了偶有冬瓜茶、蕎麥茶、麥茶等無咖啡因飲料穿插，其餘幾乎可說日日晨昏相伴，不可須臾無它；一壺喝完再沖一壺，一直要到秋末甚至冬初氣溫降了，再喝不下冰飲了才肯停下。

依賴耽溺若此，合宜盛器當然不可少。而也一如對冷泡茶本身的執迷，器形上也有堅持——定非透明玻璃壺身、玻璃壺蓋、無握把的涼水壺瓶不可。

此類壺瓶原本多為夜間使用：西方起居習慣，睡前會在床頭擺上這樣的涼水壺，夜裡渴了，不需多費工夫，直接執起壺蓋為杯倒水飲用，非常方便。

而我雖沒有夜間喝水的習慣，卻是一見這涼水壺便鍾情：形式單純俐落，樣貌明淨剔透，看似極簡，卻因造型與材質之巧之妙而自有韻味自成韻致，非常耐看。

因此早早就備下一組……當時，還記得出自台玻早期曾經曇花一現的自有設計品牌，比一般常見略顯矮胖，單手握持雖有些吃力，但直正敦厚外型倒是多幾分討喜。

裝什麼好呢？新夥伴來家之初，不免稍費了些思量。飲用水反而是第一時間就排除的選項，太平常太日常，私心覺得還是更平實基本壺款才配搭。

1. 英國LSA /Uno
2. 台灣TG
3. 日本iwaki

剛巧其時，正是開始迷上冷泡茶的時刻，就這麼一拍即合，馬上挪為冷泡茶壺之用。

果然合襯。冷泡茶之沁脾爽涼、茶氣茶香清亮悠揚，與這涼水壺從質地到氣韻都相得益彰；且不管冰箱存放、拿取、沖倒都便利，享用之際，置於廚檯、茶几、餐桌上更是悅目賞心。——當然因為純當冷泡茶壺，上蓋就只當壺蓋、不當杯子用了。

就這麼依賴好多年，沒料到有日不慎失手打碎，痛心不已。好在略事搜尋，很快找著了知名英國玻璃器皿品牌LSA的Uno涼水壺，形狀比台玻瘦長些、角度渾圓些，是最經典正統造型，趕緊歡歡喜喜買來接力上場。

因此心知玻璃易碎，如此頻繁用度下，這相伴不見得能夠久長，遂決定多備一二以為替換。

這一留意，才發現此類器型其實市面上並不多見，尤其LSA此款停產後益發難覓，尤其還得尺度符合所需——將近一公升容量，壺體好拿好握、樣子順眼好看……更加不易。

中間雖一度尋得簡約頎長美型款一只，卻發現壺口斷水功能不佳，每次傾倒都拖泥帶水滴滴答答，很是扼腕。只得一面小心翼翼守著我的LSA，一面祈禱萬千不要再有閃失才好。

直到近期，可算緣份吧！沉潛多年後，竟見台玻再度捲土重來，新推出的TG系列，請來深澤直人擔綱設計，其中又見涼水壺身影；線條優雅流暢，甚合我心，趕緊歡歡喜喜迎接來家，一起成為常日茶伴。

台灣台玻

咖啡壺，原來光是這樣就可以

〈不喝咖啡的咖啡壺情結〉——這是二〇〇〇年，我的第一本書《Yilan's幸福雜貨鋪》中的其中篇章。近日因一些緣故，突然憶起這篇文字，遂拾起書本重溫了一回，讀之莞爾。

那時的我一定想不到，那個明明不怎麼喝咖啡、卻因著對器物的迷戀而收集了琳琅滿目形色咖啡壺的我，時光流轉，近二十年後，此刻竟不可一日無咖啡；然而當時所藏卻大都捨了，只剩寥寥幾支身邊為伴。

原因在於，真正投入咖啡懷抱、成癮沉醉後，看待咖啡的方式，再不同當年了。

不知是否因根底上原本身屬飲茶之人緣故，即使踏足咖啡界，卻始終與此領域向來存在、對繁瑣複雜高深莫測道具與技法的鑽研嚮往頗有距離。

畢竟茶界裡，數百年來沖煮模式皆大同；所以，回歸本質設想，沖咖啡與沖茶其實道理相同，都是透過水、溫度、時間等周邊因素的彼此作用，將經過處理的果仁或芽葉裡所涵藏的芳香物質萃取成一杯醇美之飲。

遂而，反是沉迷於器皿的年代一度錙銖必較著各種沖煮細節、玩味每一支壺的不同脾氣個性；然開始著眼於飲之本身，心態反而灑脫放開了，瞭然原理後，喜歡以最單純最熟習甚至最寬容手法，與咖啡直性相見……

因為，沖煮的本身只是過程，隨產地、品種、種植、處理與烘焙每一先天後天環境條件的差異所構築而生的這紛呈萬象咖啡世界，才是真正惹人流連、探索窮究不盡的核心關鍵。

所以，除了義式咖啡因需壓力協助，故得仰賴多年來用得上手習慣的義式咖啡機外；其餘產地單品咖啡，所用器具越來越顯直覺簡單：早期是手沖杯，後來結識美國Chemex手沖濾壺，乍見頗覺意外，外觀看來光就是一只長得有點像葡萄酒醒酒器的玻璃壺，然因精確壺口設計，安上濾紙、放入咖啡粉隨手一沖，風味卻是四平八穩有模有樣，準準打中我心，自此鍾情。

後來沒多久，又邂逅了台灣出品的Mr. Clever聰明濾杯。說來有趣，其實多年前早就曾經接觸，只是當時它還是茶圈一度風行的茶器新發明、非用於咖啡。

多虧咖啡專家慧眼挖掘，經過改良後搖身一變成膾炙人口咖啡工具；這會兒再度重逢，一試之下大為驚豔，不愧從茶思維脫胎而生，從簡出發，純粹浸泡而後濾渣，將咖啡豆的本色原味完整展現，深有共鳴，立即納為常日依賴之器。

近年風行的金屬濾網手沖壺杯則是另一新歡，省去用後即棄的濾紙，非常環保，所沖咖啡則口感豐厚沉實，別是另番風致。

而二〇一八年一趟約旦之旅，類似這般讓人由衷驚歎「原來光是這樣就可以」的

1

1. 美國Chemex手沖濾壺
2. 台灣Mr. Clever聰明濾杯

領悟又添一樁：在那兒，街頭巷尾到處可見以土耳其式單柄小鍋煮的咖啡——其實和我依賴多年、從鍋煮奶茶脫胎而出的鍋煮早餐咖啡概念近似，但不用牛奶，純以極細咖啡粉入鍋沸煮而就。

以往對此類咖啡敬謝不敏，總覺這猛火高溫細粉催逼出的黑漿焦苦寡香少滋味，沒料到在此卻頗多濃厚稠滑、溫潤甘香、甚至透著些許細細果酸感的美味之作；最迷魅是加入荳蔻香料同煮，暖馥芬芳，讓人不由上癮。

後來逛了幾處咖啡豆專賣店，發現豆款種類極是多樣、烘焙度分類細緻、品質也好，當下頗受啟發……這會兒，要不要再往這更直率路線邁進呢？

台灣TG手沖耐熱咖啡壺

東方杯盛西式茶，綠茶杯喝紅茶

對許多人、特別是傳統路線的紅茶愛好者而言，說到紅茶杯，腦海浮現的影像應頗一致：淺底圓碟上，一只寬口淺底薄胎有耳杯。

就連在我自己的紅茶書裡、課堂示範上一律呈現的，也都是這樣的杯款；且還諄諄補述提醒：和壺具一樣，同套餐具組裡，較顯高瘦的那只裝咖啡、寬矮圓的這只才是紅茶杯。

但實情是，回歸日常真相，在咱家呢，餐桌旁或沙發上捧碟執杯、優雅悠閒飲茶的畫面其實並不常上演；絕大多數，反而是書桌上電腦螢幕前埋首奮力工作之際，身邊有一杯紅茶相伴。

工作桌不比餐桌，特別寫作時分，無可避免地，各類工具道具參考檔案資料書籍層層疊堆積如山，這時刻，若還硬要擠入一碟一杯，未免也太侷促累贅。

當然紅茶杯有耳有碟原本自有其道理：十七世紀，茶杯隨茶葉自中國、日本遠渡重洋到歐洲，落地生根後依隨當地生活方式悄悄改了形貌：杯邊生出耳朵以能防燙；且為了順應多半加糖加奶的西方飲用習慣，小巧的茶托轉化為盤碟，方便放置糖、攪拌匙等佐茶配件。

然一來茶國子民如我，從小持杯飲茶到大，根本不怕燙。二來，即使喝的是從產製到品飲體系都由西方建立的紅茶，逐年喝出神髓後，糖和奶都少加了；除了非

1. 購自京都的兩只杯
2. 日本陶房青
3. 日本康創窯

得濃厚不可的早餐奶茶外，其餘時間，偏愛的是清洌清新、宜於純飲的單品產地莊園紅茶，不免更覺這多出來的杯耳和茶碟著實多此一舉平白礙事。

因此，漸漸地，單單純純小小巧巧、好拿好握且不占空間的東方杯款，竟就這麼反客為主，成為我的紅茶杯主力一系。且還進一步跨出書房來到餐桌上，佐配點心甚至待客，都常由東方茶杯擔綱。

——東方杯盛西式茶，綠茶杯喝紅茶。對照數百年來紅茶歷史文化的歐亞東西不停往還流動，不禁莞爾。

而檢點手邊常用杯款，最早來家的兩只，購自第一次京都自助旅行。那時節，年紀輕阮囊羞澀，當然名窯藝匠全高攀不上，也還未有心思探究來源姓字，純是清水寺附近漫無目的的散步當口的偶然邂逅：

一為質地清細、造型古雅的青瓷杯，另一則是表面有著渾拙凸紋的米白陶杯。但這偶遇之緣，卻悠悠持續了二十載；至今，仍是我最愛最上手的茶伴，長年經久撫觸啜飲，越見情味深長。

此之後，陸陸續續再有添新，大致都是這樣敦厚樸雅、卻自有獨特韻致韻味在其中的杯款。

踏實常日氛圍，是我向來於茶裡的一貫追求，自在自得，舒心舒坦。

踏實日常，馬克杯

坦白說，年少剛剛開始採買累積手邊器物之際，從不曾把馬克杯放在眼裡。當時，正對西來東漸的紅茶風火烈烈燃起高昂興趣，說到杯具，眼中全只有寬口窄底有耳附碟、優雅精巧的紅茶杯，怎麼看馬克杯都覺老實呆笨，勉強備個一兩只應付日常偶爾隨手所需，談不上什麼講究與用心。

但慢慢地，情況一年年有了改變。

隨著涉獵瞭解與愛戀依賴日深，紅茶之於我，再不是嚮往好奇、渴望一窺堂奧的高深品味，而是一步步進入生活中，成為常日飲食的一部分，品飲與沖調方式也漸趨多樣多變化。

遂不再執著於正統杯碟，轉而追求不同茶飲與杯具間的適才適性搭配——於是發現，量體碩大敦厚沉實的馬克杯自有其長處與用場。

特別漸漸養成習慣，晨間時分，總以一杯拿鐵咖啡……奶茶、則常是以打發牛奶與奶泡沖調紅茶而成的奶泡茶做為一日開啟。兼具填肚暖身、提神振氣功能的這一杯，比起其他時段的茶或咖啡飲來得濃厚量多，加了至少一半比例的牛奶或豆奶，熱騰騰香馥馥，那些嫻雅纖巧的杯子們全搭不上壓不住盛不下，定得馬克杯才夠匹配夠份量。

1. 丹麥Royal Copenhagen /Ole
2. 紐約Moma
3. 日本+d /TAG CUP
4. 日本1616 arita japan
5. 台灣紅琉璃雙層杯
6. 日本月兔印

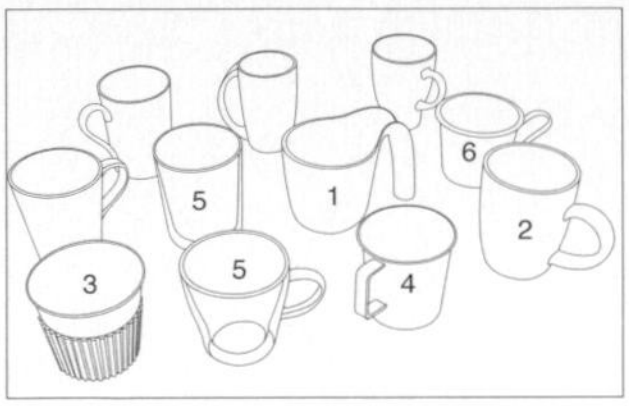

於是，就這麼越看越用越覺順眼順手，成為日常不可缺的熱飲夥伴。早晨之外，夜裡一杯暖胃暖身的杏仁茶、麵茶、桔茶或金棗飲、甚至熱調酒也都靠它。

心念上生活裡歡喜接納，卻免不了相對刁鑽挑剔起來：最傳統普遍常見的直筒公版形狀當然全看不上，也不愛已成馬克杯特色的繁複強烈顏色圖案；一如我之於器物的堅持，不單單要簡要雅，還希望擁有不同一般的個性韻致才好；尤其若能稍微跳脫常軌，更能為日日晨起睡前時分多添興味。

所以，多少年來，咱家的馬克杯總是添得特別慢，久久才得一次驚喜遇逢；但也因此，每一只都獨樹一幟，自成丰姿樣貌。

比方丹麥Royal Copenhagen的Ole馬克杯，沉甸甸厚重形體，龐然垂地下凹杯柄、足可整手掌穩穩握持，每次使用，都油然萌生一種安穩安頓感，好生舒坦。

二十多前購自紐約Moma現代藝術博物館的卡其底黑條紋陶杯，有著介於手作品與設計品間的奇妙氣質，表面紋案既樸素又強烈，百看不厭。

日本+d的TAG CUP，簡簡單單形制，卻因一圍塑膠隔熱套而倍顯別致。建築師柳原照弘設計的1616 arita japan有田燒馬克杯無疑是其中最低調的一只，但光就是杯緣微妙的外翻加上略顯粗糙的杯面，就讓人再三玩味。

十數年前開始嶄頭露角，並在近年蔚成流行的雙層玻璃杯，則是我的馬克杯中的異類。

照理玻璃材料之清透清薄一點搆不上我對馬克杯的素來標準，卻因雙層處理，隔熱與質感需求全兼顧了；還可透過透明杯壁，邊啜飲邊觀賞拿鐵咖啡和奶泡茶的美麗泡沫與深深淺淺層次一路變化，別是另番無窮趣味。

紅茶的杯、咖啡的杯

對我的早期文字有些印象的讀者可能還記得：曾經，我收集杯子、特別是西式的有耳附碟杯。當年，家中玄關與廚房中間，立著一座由地頂天餐具櫃，裡頭琳琅滿目陳列堆疊的，盡是一組又一組的杯。

那時的我，每天每天、早上午後，每次喝茶，不僅茶款不同，且定然伴隨輪替換用各式各樣的杯子，從視覺到滋味都執拗著，次次都得新奇新鮮。

然而時移事往，那般不斷追新求變的心境終究成為過去；一年一年，隨年歲閱歷體悟增長，漸漸地，茶款一樣日日不重複，杯子，卻是漸漸固定了下來——當然還是不曾就此專情專一、獨鍾一二，而是越來越懂得什麼樣的茶或飲，以什麼樣的杯來盛放襯托，最能彰顯各自的香與味與韻……

於是發現，真正適用的、合用的其實遠比擁有的少得太多；尤其一如前文所述，對輕巧俐落的無碟無耳東方茶杯與敦厚沉實的馬克杯益發耽戀後，不免越覺西式附碟杯累贅礙事，遂更無懸念。

就這麼徹悟了，幾年前，趁居家全面翻修契機，痛下決心篩選出確定依賴不可缺的杯款，之後，在自己的店裡辦了一回跳蚤市集，將其餘都捨了。

如今，每想起過往曾經的那座巨大餐具櫃，都不禁莞爾——是的，現在，再用不著滿堆整櫃，常日所用不但就這十來只、短短一排杯架便收納完畢，且其中多數

1. 美國Calvin Klein
2. 丹麥Royal Copenhagen/藍色繽紛唐草
3. 丹麥Royal Copenhagen/古典藍花
4. 德國Thuringia Lengsfeld Porzellan
5. 德國Arzberg
6. 義大利Ross Lovegrove /Lotus
7. 日本4th-Market /Prato
8. 日本Time & Style /SHIROTAE
9. 日本柳宗理
10. 日本4th-Market /Perma
11. 芬蘭iittala/Ego

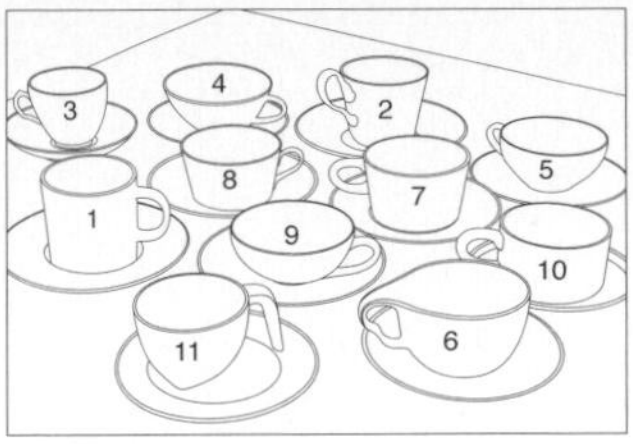

擔綱機會比起馬克杯與東方茶杯還來得稀疏些。

所以，什麼時候輪得上這些西式有耳附碟杯呢？

首先，是晨起的奶茶時光。畢竟加糖加奶的紅茶喝法純然由來西方，遂而總覺還是得這西方血統杯款才配它。且隨奶茶類型也有不同配對：

快手煮就、濃釅飽滿的鍋煮奶茶，通常搭的是厚實些的杯，如沉甸甸的Calvin Klein灰褐陶杯，Royal Copenhagen藍色繽紛唐草系列早餐杯，以及日本4th-Market Prato經典系列淺灰色陶杯。

一般奶茶，則通常只在久久才有一回的假日閒情早午餐享用，常用的是手繪黑色筆觸細緻的德國Thuringia Lengsfeld Porzellan寬口杯，與形體流線的義大利Ross Lovegrove的Lotus杯。

杯體略高、杯口不那麼開敞的款式，如德國Arzberg藍直紋杯、Royal Copenhagen古典藍花杯，則最常留給精品莊園咖啡；雖說不加糖不加奶，照理應如純飲紅茶一樣，用不上有耳附碟杯，但可能因手沖咖啡之際的專注與講究氛圍吧！還是習慣端凝隆重對待。

同理，偶爾，不願光是輕巧俐落快速喝茶，渴望稍稍微跳脫熟悉的日常感，悠悠專注慢啜細品茶色茶香茶氣茶味時，還是會暫時放下東方杯、重回西式杯懷抱……這當口，便是簡約雅緻的Time & Style的SHIROTAE白瓷杯，以及最得我心，模樣謙遜極簡、卻有無限韻味內涵在其中的柳宗理骨瓷茶杯的登場時間了。

咖啡，來一碗

一如前篇所言，日日晨起填肚暖身、提神振氣的奶泡紅茶與拿鐵咖啡，習慣以量體碩大敦厚沉實的馬克杯盛裝；但有時興之所致，也偶爾改以碗擔綱。

相較於馬克杯的俐落，碗裝咖啡或奶茶，手感與氛圍都很不一樣：熱騰騰碩大一碗，兩手圍捧交握，從掌心到味蕾到身心靈都更靜定溫暖；特別逢上鬱悶多雨、深冬凜冽以至熬夜疲憊甚至宿醉早晨，分外療癒舒坦。

碗盛咖啡或奶茶在歐洲其實還蠻常見普遍；法國還有專門名詞，叫咖啡歐蕾碗cafe au lait bol，亦即牛奶咖啡碗，專為早餐時段暢飲加了大量牛奶的咖啡之用。

我在近二十年前一次法國旅行中，於巴黎街頭某鄉村風麵包咖啡館第一次見識到這器皿，質地穩重厚實，一碗滿裝，喝起來極是豪邁爽快；還學周遭的喝法，將可頌麵包浸入碗裡，滿沾咖啡再吃，香潤美味，好生過癮。

當下著迷非常，立刻從店裡買了一只回來，打算自此加入早餐杯具行列。

只不過，這只咖啡歐蕾碗由於樣貌略顯單調、沒什麼趣味，僅僅上場一兩次就束之高閣；冷落好一段時間後，偶然挪做廚房備料碗，竟頗覺上手，就這麼改換身分成為烹調道具，從此與咖啡奶茶絕緣。

雖也不是不曾留意過其餘法式咖啡歐蕾碗，但由於大部分顏色圖案色澤都略嫌太

1. 日本有田製窯
2. 京都一保堂
3. 日本喜八工房
4. 日本樹ノ音工房
5. 韓國茶碗

鮮豔亮麗，非我所愛；就這麼拋諸腦後多年，後來，反而是開始喝日本抹茶後，入手一二日本茶碗，竟意外重拾前緣。

原因在於，雖愛抹茶，然畢竟比起其他茶類來，泡製步驟難免較顯繁複，忙碌步調裡實在很難經常享用。不忍茶碗閒置寥落，某回晨飲時分，照例按下義式咖啡機之際，架上一眼瞥見，心血來潮取了來裝；沒料到極是合襯——既保有了碗喝的暖和酣暢，日式茶碗特有的內斂雍雅與渾樸質感無疑更合我心。

就這麼戀上了，自此，茶碗瞬即轉了功用，抹茶是久久一回的閒情逸致，而咖啡碗、奶茶碗卻成頻繁的日常。

一旦成為日常，原有這一二茶碗竟覺不夠；但好茶碗難得，順眼的往往價昂難能高攀，從日常陶器裡尋，也不見得都看得上；靈機一動，把腦筋動到飯碗上，結果發現選擇還真不少。

但也不是什麼飯碗都可挪來權當咖啡碗，正宗傳統圓碗用餐感太強，捧著老覺像喝湯，很不對勁；幾度嘗試，發現碗身有點高度、最好有明顯的圈足，質地形狀稍微特殊甚至帶點角度、氣韻獨樹一幟，最能和合。

比起茶碗來，飯碗當咖啡碗，似乎更多幾分寫意之趣與生活感——這才醒起，日本茶道領域裡擁有至高地位的高麗「井戸茶碗」最早原也是飯碗，柳宗悅說它，原就非為茶而打造，純然的「雜器」，遂成「無事之美」的如實呈現，是「茶之美的極致」。

果然如此哪！生活日用裡平實踏實脫胎而出，此中之美之樂，遂分外陶然悠長。

戀上，蕎麥豬口

對我而言，一眾日式餐具裡，「蕎麥豬口」可算頗奇妙的器皿。首先名字就充滿喜感——據說「豬口」一詞源自朝鮮語，和豬其實並無關係，但確實詼諧地將這彷彿豬鼻一樣的渾圓形狀做了極貼切的勾勒描摹。

豬口的歷史可一路追溯至十七~十八世紀元祿時期，原本是「本膳料理」宴席上盛裝小份量醋物或涼拌菜的餐具，江戶時期漸漸轉為酒器以及盛裝蕎麥麵沾汁的器皿，故稱「蕎麥豬口」。

有別於酒杯形狀的豬口，蕎麥豬口呈上寬下窄之直斜筒型，手握及挾麵條沾取醬汁食用都方便。然時至今日，蕎麥豬口早已遠遠逸出本來功能，用途日廣：醬汁盅外，最常見是充作茶杯、果汁杯、單品咖啡杯，還可當湯盅、調味料盅、漬物盅、零食點心水果盅……潛力無限。

尤其近年來格外感受到，蕎麥豬口越來越受歡迎；名窯名匠名作不斷問世，新晉品牌常以之為設計主題，各人氣餐具店選物店裡最顯眼陳列位置也定然有它的身影。

玩味箇中原因，絕不僅只出乎蕎麥豬口的多工多用，更在於這獨樹一幟、近似幾何的造型，比一般傳統日本食器要更顯簡淨俐落有個性，也更具平民百姓生活氣息。

1. 日本廣田硝子
2. 日本有田製窯
3. 日本中田窯
4. 日本BAR BAR
5. 日本辻美和

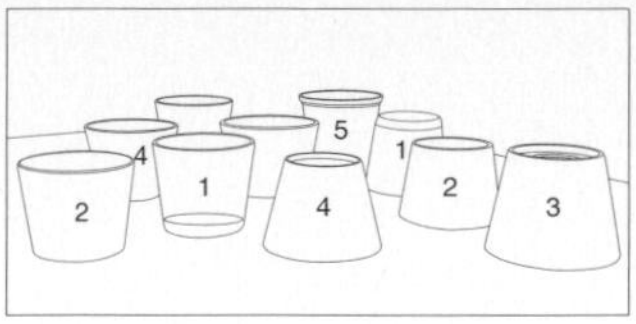

遂能一步跨越數百年時空的藩籬，歷久彌新、與時俱進；從遠古到現代，在餐桌上看著用著都新穎時髦美麗，且和古今東西任何餐具相配搭都和諧合宜——無怪乎知名器物作家平松洋子誇它是「無可挑剔的江戶時代摩登設計」。

回想起來，我與蕎麥豬口結緣甚早，二十多年前首度京都自助旅行便已帶回兩只——當時雖和蕎麥麵竹篩一起買下，然畢竟蕎麥麵不見得天天吃，茶卻是一年四季晨昏日夕時刻相依，遂不知不覺便從餐具櫃轉移陣地加入茶杯櫃，成為我的日常飲茶良伴。

而也因前面提及的美感緣由，感覺上比起其他日式中式茶杯來都更開闊靈活有彈性，冰茶熱茶紅茶綠茶烏龍茶日本茶都合襯，就連偷懶扔個茶包入杯都不覺褻瀆了它……

就這麼戀上蕎麥豬口，家中所擁所占比例逐年越高，每每還得極力克制，才不致太過氾濫。

只不過，隨藝匠與設計者們對蕎麥豬口的一年年益發鍾情，樣貌材質越顯多元多樣，我對蕎麥豬口的喜好也開始悄悄出現轉變：早年偏愛樸拙充滿手工感的陶質豬口，近年則漸多清薄纖巧之作。

特別是玻璃材質，亮澤剔透，盛裝冰茶冰飲甚至優格、冰淇淋特別沁爽，較一般玻璃杯更小巧的容量，讓無論吃喝都習慣淺酌淺嚐即止的我更加愛不釋手。更重要是回歸原始用途——裝盛涼麵沾汁，從視覺到觸感都加倍清涼，暑意炎炎夏日，再舒服不過！

杯墊之必要

不知算不算是一種神經質症狀，我的杯子底下，除非是原就附有底碟的紅茶杯或是高腳酒杯，否則一定得有杯墊。

從來受不了因漏放杯墊而在桌面上留下的各種圓印──還仍濕答答的新鮮水印，經久浸漬或燙熱而褪下或烙上的斑駁白印，還有被紅酒咖啡茶等深色飲品染上的色印……

每每瞧見總覺惱人，特別是無能回天就此留下永久痕跡的後二者，若發生在自己家當然跌足悔憾不能自己；即使人在外頭別人處，也常忍不住悄悄喟嘆惋惜。

因此，幾乎已成反射動作了！自家廚房裡，不管冷飲熱飲，沖倒調製完成後、上桌之前，定會隨手拉開抽屜取一枚杯墊壓底，盡量不讓杯具直接碰觸桌面。

為此，早習慣長年備好一整落各式杯墊以備隨時之需。但說來奇妙，咱家杯墊雖不少，卻僅半數是自己購置……真的，就像時不時就會天外飛來一只的所謂環保購物袋一樣，各種禮贈品中，杯墊也屬其中大宗。

但話說回來，雖時刻少不了杯墊，然無論由來何處，我也絕非來者不拒照單全收；反因日日依賴不可缺，而逐步衍成一套嚴格取決標準，即使非自己花錢買，若不合意，也定然不肯收留。

首先，一貫審美喜好，簡約無華是必然，造型只取最簡單的方圓，樣式圖案色彩則盡量謙遜低調為上。

此之外，最最重要且絕不遷就則是，材質。

頭號畫叉是紙質杯墊。一點不耐用之外，最讓人發毛是，冰飲杯一放上，沒過幾分鐘，杯身開始結露後便必定沾黏；每一舉盞、杯墊都如背後靈一樣如影隨形跟上，非常厭煩。

且不只輕飄飄紙質如此，其餘陶瓷、金屬、玻璃、木頭等表面光滑材料也頗難避免；且由於量體常偏厚重，若餐桌上書桌上物件一多，夾雜其中總嫌累贅。

這麼一來，幾乎半數以上杯墊都不討我喜歡；多年經驗積累，始終覺得還是籐竹、布質，以及皮革等能適切吸水不積水的材質最順手好用。

尤其藤竹材質，手工精細、質感溫潤一派天然，且還扎實耐久，多年來經久如新，最得我的歡心。

所占比例最高、也最輕薄輕巧的布質、特別是較堅韌的帆布，從視覺到手感都柔和舒服；缺點是容易沾染茶漬，雖說也算歲月刻痕生活情味，但多少仍顯憔悴。

皮革同樣易染漬垢，但因質地緣故，比布質來得耐看順眼；但隨歲齡增長，偶而

酢
台灣本產純釀陳年米醋
豆
灣本產黑豆純釀醬油
麻

Table
ABERLOUR
er's Table

會有捲曲變形問題，不無小憾。

最特殊的一款購自峇里島某手工藝店，別出心裁將丁香密密編織成杯墊，置放熱茶於上，香料氣幽幽綻放；至今十數年，芳香依舊悠長不散，每用到它都格外舒心悅然。

情味溫潤，茶托盤

一如前文所述，出乎個人神經質脾氣，我的杯子底下，一定得有杯墊。但若是既有壺、又有杯，一般杯墊或茶壺墊尺寸不夠容納，這當口，就得改換茶托盤出馬。

尤其戀茶泡茶飲茶多年，不管沖茶、端茶、盛茶，隔熱，承接溢出或留下的茶液水漬、收容挪移杯壺道具、以至美感的烘托凝聚……都定然非得托盤幫忙不可。因此，雖未刻意收藏，卻也慢慢積累了一些深心喜愛、相伴恆長的托盤。

趁此檢點所擁一眾托盤，這才訝然發現，遠比杯墊要來得還更龜毛挑剔，以材質言，至今竟就只有木質與藤編兩種而已。細想其中緣由，應是飲茶所需氛圍向來偏向內斂沉潛靜定，任何太華巧鮮亮之顏色質地都不合適，唯獨藤與木的質樸低調謙遜幽雅、以及淡淡流露的渾拙憨厚手工感方能佐配。

且用到後來，最早年來自印尼峇里島和柬埔寨暹粒市場的一深一淺、一橢圓一正圓兩只藤編之後，木質還漸漸後來居上，成為我的茶托盤主力一軍。原因在於，一來未上漆木質粗糙表面吸附水份效果較佳，更重要是長年經久使用，茶汁一層層日積月累涓滴浸潤下，往往使木頭逐步染上迷人的深沉溫潤光澤顏色。

1. 台灣于彭
2. 台灣PUPUU
3. 日本小澤賢一
4. 日本紀平佳丈
5. 日本PLAM
6. 印尼峇里島藤編托盤
7. 柬埔寨藤編托盤
8. 日本秋田樺木細工

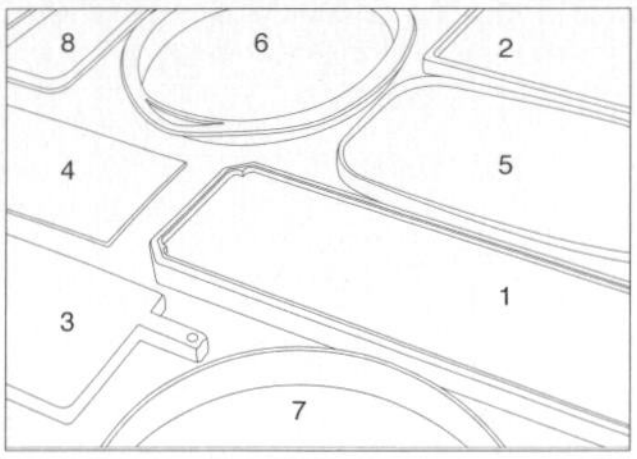

——雖然知道茶藝界有以剩餘茶湯日日反覆澆淋茶具以快速養出色澤的作法，但我卻從來不肯、或說懶怠如此；寧願就是放諸自然隨性，真正以生活日常、以漫漫歲月徐徐緩緩摩挲出，悠然悠長踏實情致情味情感。

而此刻，細數我的木托盤們，其中最年長資深、也是平素最愛最依賴的，當非水墨畫家于彭親手繪製茶盤莫屬。于彭本身原就是懂茶愛茶之人，收藏珍品名茶老茶無數，所擁茶具自非凡品。

此只茶盤來自現已走入歷史的彩田畫廊的一場策展，邀請藝術家們在自家日用之物上作畫，其中一件展品便是這只茶盤：整塊木頭簡單雕成，痕紋節疤歷歷，盤底幾筆勾畫了十分于彭風的山水人物，正面背面都好看。

讓當年還是藝術線記者的我，一眼見了就迷上，且剛好價格還能負擔，便奮勇買下。至今二十多年，這只木托盤始終固定置放廚房旁茶檯上，每天泡茶都用它。

其餘，除了來自台灣木藝與皮藝工作室PUPUU的緬甸柚木托盤外，則多為日本木藝家的作品。比方小澤賢一的核桃木托盤，一鑿鑿雕痕畢現，手感極好，精巧的木柄則多添幾分生活氣息。

紀平佳丈的作品，從樣式到木色都敦厚靜默，流露幾許禪味，四側斜削而下的底台則巧妙提點出些許輕盈感。來自飛驒高山家具品牌PLAM的木托盤，以幾種不同質地木頭組合而成，是難得較具時髦氣息的一只，與形式俐落的北歐風茶壺茶杯，搭得剛剛恰好。

玻璃杯，淺酌就好

因連續被讀者與家人提醒，這才留意到，我家的玻璃杯們，除了喝加冰或highball的威士忌杯略微碩大外，其餘都頗迷你。

是從什麼時候開始的呢？早期其實也都還是正常大小，卻是一年年漸漸對小尺寸情有獨鍾，或細瘦或矮圓，小小巧巧一掌盈握，煞是可愛。

我想，除了因體質虛寒緣故、天生冷飲量少；另一緣由，則應是開始喝茶喝酒後，越來越習慣徐徐淺酌細品，節奏於是開始變得悠然；冰茶、冷泡茶、冰咖啡、果汁、醋飲、氣泡水、氣泡調飲……再不囫圇吞大口一杯乾盡，喝得少了、慢了，大杯滿裝老半天喝不完，自然而然再添購都是小杯，裝一點喝一點，剛剛恰好。

即連照理應得大口豪邁暢飲的啤酒亦如是。早年其實不太喝啤酒，一來不愛那淡苦之味，二來因飲酒多為佐餐，老覺多喝胃脹吃不下飯，難生好感。敬而遠之多年，直到精釀啤酒風潮吹起，方才驚豔於那多元多樣多層次的濃馥芬芳，自此另眼相看。

遂而，我之喝啤酒，心情上態度上比較近似於喝葡萄酒、威士忌、清酒燒酎，非為消暑解渴盡興、純因美味而飲；尤愛高酒精度強勁味濃酒款，三百多毫升一小瓶自個兒一次喝不到半罐，還得靠另一半幫忙……這般飲法，一般啤酒杯當然全派不上用場，一如其他冰飲，還是小杯小盞合適擔綱。

杯小，形式形制的要求也就不大一樣：首先杯壁定得輕薄剔透，量體上才能合襯；不喜任何浮面貼印其上的花色圖案，簡雅低調不誇飾才能配搭——但光是一徑直正筒圓樸實無華不免流於刻板單調，造型與形體還是需得有些韻味變化，畫龍點睛幾筆雕鏤刻紋，簡中見姿態，才夠耐看。

如此標準下，早年較偏愛的幾只多來自北歐，特別芬蘭iittala 一系列略呈平底長圓椎形的各色酒杯最是合意。後來，結識日本幾個玻璃工坊，對那既輕盈又內斂、且還帶著細緻手工感的風致很是著迷，遂就此移情。

最上手最常用是廣田硝子的Textile Cutting系列，一組五只，直紋、橫紋、網紋、格紋、點點，各自紋案皆不同，只只優雅好看；最重要是形狀尺度容量完完全全契合我的需要，讓我當堂失了理智，打破從不接納成套餐具的素來持守，一整組全抱回家。後來此系列不知為何就這麼絕版，讓我暗自慶幸偶而衝動一次也不賴。

同品牌的「大正浪漫 十草」與「東京複刻 蒲鋅」是後來新歡，比Textile Cutting略高大些，盛裝氣泡飲正剛好；尤其邂逅之初，剛巧正是迷上 Gin & Tonic調酒當口，當下一拍即合，沒幾天就來上一杯，沁涼過癮。

1
6
6
4
2
3

1. 芬蘭iittala
2. 日本廣田硝子/Textile Cutting
3. 日本廣田硝子/大正浪漫
4. 日本廣田硝子/東京復刻
5. 日本Sghr菅原硝子
6. 日本木村硝子╳渡辺有子
2
2
5
5

Sghr菅原硝子的兩只則雖為此中少數「有色」杯種，含蓄穩重氣質，與冰茶、冬瓜茶、蕎麥茶等顏色沉著的飲料很是相得益彰。

餐桌上最亮眼、每回照片上網都必然引發四方熱烈詢問的，則是木村硝子和料理研究家渡辺有子合作出品的氣泡酒杯——但在我家，裝的從不是氣泡酒、而是啤酒；容量宜於小酌之外，還能將泡泡多量且持久留存，對從來喜歡豐富綿密啤酒泡沫的我，再好用不過！

木村硝子╳柳原照弘

化繁為簡，葡萄酒杯

細細數來，廚用道具不算，在我的所有飲食器皿裡，除了紅茶壺之外，若說哪一類也同樣極具機能取向，我想，應非葡萄酒杯莫屬。

非只我對酒杯之實用性斤斤計較，事實上，不以外觀視覺之美為取決標的，而是如何將酒味酒香淋漓盡致、甚至加乘表現發揮，數十年來早成整個葡萄酒器領域之主流思維。

這樣的景況，先得歸功於知名奧地利酒杯品牌RIEDEL。其於一九七三年在義大利侍酒師協會的協助下，率先提出一套理論，認為酒杯雖然不會改變酒的本質，然而，透過杯身形狀的引導，卻可以決定流向、氣味以及強度，進而影響酒的香氣、味道、平衡性與餘韻，決定酒的結構與風味的最終呈現。

據此，配合設計推出的一系列專業酒杯，不僅紅酒、白酒、香檳等酒類都各有專屬杯型；更進一步針對波爾多、布根地、Chianti、Montrachet等不同酒區，Pinot Noir、Carbernet Sauvignon、Chardonnay、Riesling等不同品種，甚至Grand Cru、Dry、Young等不同等級或酒性，在形體形狀上都有不同區分；以能放大各類酒款之個別優點、修飾缺點，達於最佳狀態。

此舉徹底改變了葡萄酒世界的品飲風貌，一路至今，各大主要品牌在酒杯的設計與選擇上，幾乎大致都以此套論述為依歸。

1. 奧地利Zalto布根地杯
2. 奧地利Zalto通用杯
3. 奧地利Zalto波爾多杯
4. 奧地利RIEDEL VITIS波爾多杯
5. 奧地利RIEDEL Vinum Chablis /Chardonnay白酒杯
6. 奧地利RIEDEL Vinum 香檳杯

至於我，早在二十年前接觸葡萄酒之初，便曾在相關品飲會上徹底折服於同一款酒、在不同杯裡所綻放出的迥異姿態與芬芳，自然而然成為此套理論的信奉者。

然話雖如此，出乎預算與空間考慮，加之生活裡素來習慣自在隨性，雖說日常餐桌上長年有葡萄酒相伴，我卻從不曾真的備齊全套酒杯，行禮如儀、喝什麼酒就搭什麼杯。

但也絕非一杯到底，身為資深愛酒者，這麼多年來，多多少少還是在兼顧適性適用以及個人品飲喜好考慮下，細細琢磨出自己的一套輕鬆使用模式：

最早，家中必備的專屬杯款，首推我素來最愛的布根地/Pinot Noir杯，酒櫃裡半數酒款都屬此類，當然需得另眼相待。後來，則還另備了波爾多杯，以供較豐厚飽滿紅酒使用。

其他較難歸納類型的紅酒以及白酒、粉紅酒，則一律以尺度規格較寬大的白酒杯對付。氣泡酒另有香檳杯，加烈酒與甜酒則用烈酒杯——看似有些偷懶，但多年來自也相安無事、怡然而樂。

而也在這過程中，漸漸發現，到後來，從酒界到酒杯界似乎在分類上也同樣開始逐年放鬆，區分不再那麼刁鑽精細，甚至越來越思考、推崇通用兼用的可能性。

比方同樣來自奧地利的Zalto所推出、形體介於白酒與波爾多杯間的通用杯型，便成咱家近來以一擋百的選擇。

最欣喜則是這兩年的另一新流行：直接以白酒杯盛香檳，果然風味表現比傳統鬱金香杯更豐潤飽滿……這下，又可少備一款香檳杯，著實一大福音。

講究與任性之間，威士忌杯

一如前文所提，關於酒杯之用，不管是酒界看法或是個人日常習慣，都漸有越顯放鬆自在態勢。威士忌杯亦然。

事實上，由於較偏進階級知識品味的單一麥芽威士忌風潮崛起至今不到二十年，全面興盛時期遠較葡萄酒短近；因此，除了一般熟知的古典廣口杯早已退出專業領域、轉為加冰暢飲用途，鬱金香杯成為此刻正式品鑑與純飲主流，其餘，對酒杯形式功能區分之關注聚焦，相對不免來得稀疏安靜許多。

雖說受葡萄酒影響，有關究竟何種杯型才能將香氣、口感發揮到極致等討論也曾在菁英品飲圈內一度風行，甚至知名葡萄酒杯品牌RIEDEL還曾先後出品過兩款威士忌專用杯……

其中，較早問世、深U形狀的Vinum系列杯，即使號稱與蘇格蘭威士忌專家攜手打造，但圈內普遍口碑不佳，幾次親身試用，也覺表現略顯鬱悶；反不如後起之輕薄杯壁、開闊直筒杯型的O系列香氣清透雅亮，更為出色。

但整體而言，此類話題雖曾起一時漣漪，卻很快便化為零星，相關商品推出也少，未成氣候。

我想其中原因在於，一來威士忌之不同類別差異不若葡萄酒巨大，不足以形成什麼酒該配什麼杯的變化樂趣；其次是威士忌酒體風格強烈濃厚、特色鮮明容易捕

1. 奧地利RIEDEL /O系列威士忌杯
2. ISO杯
3. Glencairn短腳杯
4. 鬱金香杯

捉，個別杯形之優劣高下也就相對不那麼分明劇烈。

我自己呢，則態度上介於講究與任性之間：純飲之際，鍾愛鬱金香杯遠勝其他——廣口杯常使香氣過於發散，且握感不若有腳杯優雅輕盈；葡萄酒界早年奉為圭臬、後來威士忌圈也常引用的ISO杯，則在香度上稍嫌沉滯，不夠討喜。

也因鬱金香杯的逐年普及，各家酒廠之隨酒贈杯均以此為最大宗，多年來收受無數杯款，一一品試後，選擇順手順口的留用，漸漸也累積了多只平素慣常依賴的愛杯。

因此發現，雖同屬鬱金香杯，其實隨樣貌長相互異，口感滋味雖大同，香氣質地卻有小別。

我喜歡的鬱金香杯，一律有著典型的圓肚、窄腰、略往外翻的杯口，以及修長纖細長足——至於業界頗占一席之地Glencairn短腳杯，雖也有近似鬱金香杯的體型且立足踏實穩固，但視覺與手感總覺有些矮笨，不得我心。

杯腳之外，若再細究，杯肚需得渾圓飽滿否則香氣不夠豐潤，杯腰不過度收細恰如其分就好，杯身不需長能令酒氣明亮；杯口則較費思量，外翻角度大者酒體甜媚可愛、角度小者含蓄雅緻……哪一種好，玩味多年還是左右為難，決定還是看酒性看心情來挑。

純飲之外，若是加冰、加冰加水的水割、加冰加氣泡水的highball，歡暢輕鬆之飲，選杯上就更灑脫了：不一定拘泥非得古典廣口杯不可，只要容得圓球大冰塊在裡頭兜轉滾動，最重要是形貌優美有韻味，已然足夠。

極簡就好，調酒道具

近年迷上調酒。不過，可不曾因此夜夜酒吧裡流連，宅性堅強緣故，最喜歡還是在家裡自個兒動手調製。

其實平日早有調飲習慣——天生挑嘴脾性，從食到飲從來最是怕膩，所以，即便家常飲品，不管是夏日必不可缺的冷泡茶、蕎麥茶、冬瓜茶，以至各式醋飲、果汁、氣泡水、通寧水，總喜歡這加一些那加一點，交錯配對混搭，日日杯杯都有不同風味變化。

所以，約從兩三年前起，隨琴酒的全面風行，深深著迷於那從產地、素材、蒸餾、浸漬、萃取到調配所展現的多樣風貌與講究，純飲意猶未盡，便開始嘗試調酒，先前調飲經驗為基礎，幾乎沒有什麼門檻，很快便覺信手拈來觸類旁通。

當然，如家常調飲般隨興隨手亂調是不少，但也常參考酒譜鑽研經典配方；並隨著對基礎手法以及調配原理、邏輯的逐漸熟悉，慢慢掌握訣竅，不僅對調酒之風味口感高下越能心領神會，日常隨手創作也覺靈感多多。

調得上手，難免對相關周邊道具萌生需求和欲望。好在是，在廚房工具道具上的向來謹慎慳吝，讓我多少保持理性，不曾一步衝向相關道具專賣店，一次全套狂掃回家；反是審慎再三斟酌考慮，畢竟非為真正專業調酒師，也沒想開吧做生意，究竟是否真有需要悉數備齊？

1. 日本柳宗理
2. 丹麥Holmegaard
3. 德國 SCHOTT ZWIESEL

尤其長年煮婦生涯，廚房整理管理經驗積累，越來越明瞭，所謂「工欲善其事必先利其器」此語不見得放諸四海皆準，往往多擁有反而多生負擔，不是根本派不上用場平白多占空間，甚至還常多添忙亂。

遂而，一路過來，添購速度刻意放緩，慣用多年的最基礎三節式雪克杯（Cobbler Shaker）之外，為能更精準量度比例和份量，只先增加了量酒器；調酒棒則雖一直覺得有需要，但素來挑剔個性，老覺市面所見工具感太強；直到發現一直傾慕依賴的柳宗理不銹鋼餐具系列中，竟有一支極是美麗優雅攪拌匙，立刻入手，果然好看好用，很是歡喜。

此之外，由於一眾調酒中，第一最沉醉是馬丁尼，各種配方、手法反覆嘗試研究，樂趣無窮；特別偏愛正統攪拌法而非搖盪，口感更圓潤舒坦——這一來，攪拌杯猶可挪用家中現成器皿，但用以濾去冰塊的隔冰匙卻似乎很難取代……幾度猶豫，某回意外發現，其實大可在雪克杯中攪拌完成後，直接以雪克杯中段的隔冰器濾冰就好！當下大喜過望，又省下一件道具。

唯一心猿意馬類別，則是酒杯。除了家中舊有飲料杯外，目前只少少添購了一三角二圓弧共三只馬丁尼杯而已，雖說大部分短飲型（Short Drink）調酒都能對付，但長久下來總嫌少了些變化……

但也無妨，調酒道具之路上，既已充分玩味了極簡之樂之境，當然不急於一時，
安步當車，隨緣而遇，也是自在。

奧地利RIEDEL

廚之器

Chapter Three

就要單手鍋

不知有誰和我一樣，對單手鍋懷抱著如此強烈的執著與愛戀……拉開鍋具抽屜，略一細數，單手鍋竟足足占有七八成以上比例，橫跨不銹鋼、鑄鐵、琺瑯、銅鍋、土鍋等鍋種，深鍋、淺鍋、湯鍋、燉鍋、平底鍋等鍋類，連碩大的中華炒鍋也理所當然隸屬單手一族。

執戀之深，除了數量之外，日常三餐煮食也以之為首要戰力；無論煎煮炒燙燉滷，大部分都由它們擔綱。幾乎已成下意識直覺，每次伸手都先抓單手鍋上場，一般公認主流的雙耳鍋反而只能配搭。

喜歡單手鍋的原因，首先在於方便爽利。一如其名，單手就能取放，不僅省時省力，可騰出另隻手進行其他操作；且能穩固握持、揮動，傾倒盛出也比雙耳鍋更方便流暢。對從來下廚最貪快速與效率，且還常一心多用多工之忙／懶／沒耐性煮婦如我，除了收納上略嫌多占空間外，簡直可算零缺點之理想廚伴。

再說到偏愛的鍋型，外觀簡約優雅好看為基本要件；形體方面，則鍋柄與鍋身之位置比例需合宜，執持時方能爽利輕便上手。應附鍋蓋，有利蓄熱保溫。

鍋柄須得防燙。木質或電木材質、或借助中空處理減少傳熱都好；畢竟單手鍋最大優點正在於便利，若每次拿取都得先找隔熱手套，也未免太累贅麻煩。

邊緣得有傾倒口，才能將單手鍋特長加乘加倍發揮；尤其若兩側都能開口，以隨爐台位置、使用習慣、烹調菜色不同，左右自在傾倒，更是上上最佳。

說到此，不得不提咱家一眾單手鍋中，我的第一最愛最依賴——是的，當非柳宗理不銹鋼單手鍋莫屬！

可說從乍然邂逅之初便立即墜入情網：這鍋，不但以上所提要件悉數具備，最絕妙是，特殊弧形鍋緣，傾倒時流暢不漏；搭配同樣形狀的鍋蓋，正置緊緊密合，略一轉側則可排出蒸氣，還能隨轉側幅度大小調節透氣多寡。是足能載入史冊、也是啟發我設計之真諦真義究竟為何的傑作，每次使用都由衷折服。

也因這深切嘆服之心，讓我打破餐具鍋具向來一種只肯一只、從不成對成套的購買原則；多年下來，不知不覺一步步將十六、十八、二十二公分全部買齊，我膩稱為「不銹鋼三兄弟」，日日餐餐相伴、少誰都不行。

偏心太過，常常一頓飯就光靠這三兄弟完全對付，其他鍋全遭冷落：十六公分煮湯，三層鋼厚度的十八與二十二公分負責燉滷與低溫輕炒；三口鍋同時開火，短短時間內，兩菜一湯飛速上桌，又是輕鬆一餐。

3
1

1. 柳宗理16公分
2. 柳宗理三層鋼系列18公分
3. 柳宗理三層鋼系列22公分

器之為用，土鍋

日本器物研究家平松洋子書裡，談到土鍋這一章，語出驚人以〈就算地板會崩塌〉為篇名……多虧她，每想添購土鍋時，這段文字都會浮現腦海，因而彷彿順理成章得了藉口：不打緊，和她可差得遠了，還早還早，再多一個無妨。

不過話雖如此說，畢竟家裡空間小、加之手頭也不闊綽，終究還是沒膽子買到「擔心地板會崩塌」，萬幸至今還勉強持守在一個廚檯抽屜便收納完畢的可控制範圍——但必須承認是，和平松女士一樣，對土鍋特別眷愛繫戀難能自拔。

土鍋是砂鍋、陶鍋的日文稱法。由於家中常用多來自日本，且覺「土」字聽來似比砂、陶要更憨厚踏實有味道，遂習慣以此名稱之。

而坦白說，其實這土鍋之愛來得挺晚，直至近幾年才突地開竅而後爆發。由於做菜向來最求效率，遂而年少時，總嫌土鍋溫吞慢熱且保養不易，不若琺瑯鍋不銹鋼鍋輕巧便捷，更及不上後來墜入情網的鑄鐵鍋導熱強傳熱快。

但隨年齡增長，卻是漸漸打開心防。最初始原因，在於美感。溫厚質樸、潤澤生光，比起銳利的不銹鋼、亮眼的琺瑯與沉重的鑄鐵更多幾分閒靜雍雅；連鍋上桌，總覺盛裝其中的菜餚湯品之香與味與韻都更顯雋永悠長。

那時節，特別偏愛淨白色的土鍋，尤其日本4th-market 的萬古燒鍋，雅緻中透著些許時髦感，最得我心。即使周遭煮婦朋友都說白色陶土極難清洗，殷殷勸誡還

1. 日本雲井窯黑樂
2. 日本雲井窯飴釉木ノ葉
3. 日本雲井窯鴨釉
4. 法國REVOL
5. 日本4th-market

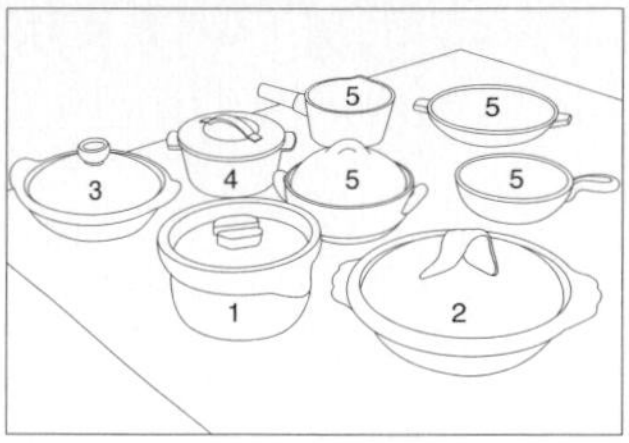

是深色為上；但原就是被外貌所誘的我哪聽得進去，果然幾年來深為鍋中殘留褐痕焦漬所苦，卻依舊執迷不悔。

唯一例外是法國REVOL的燉鍋，特殊技術燒製得緻密平滑，一點不怕上色，甚至還可直接放入洗碗機洗滌，設計也極簡練好看，非常理想；就此成為我的日常燉湯鍋，熬煮兩人小份量排骨湯、雞湯一律都由它擔綱。只可惜還來不及多備較大尺寸就全面改款，新樣貌一點不得我心，空留遺憾。

和雲井窯的信樂燒土鍋的結緣則是一大轉捩。

其實慕雲井窯之名已經多年，傳聞是京都各大頂級料亭必備愛用之器。但因量少價高且稀罕難得，讓我猶猶豫豫好久，直到三年多前在京都幸運邂逅，方才奮勇將基本款的黑樂飯鍋抱了回來。

完全不一樣！這鍋，無比緊緻渾厚質地，一開始之升溫速度雖還仍略遜鑄鐵鍋少許，但卻比一般土鍋快得太多；熱透後則傳導蓄熱極沉著穩妥，與鑄鐵之熾烈大不同；加之獨樹一幟器型，炊煮出的米飯，一樣顆顆晶瑩飽滿挺立，咀嚼間卻迥異於鑄鐵鍋飯的一逕綿柔，柔裡透著曼妙的Q彈，越咀嚼越覺層次個性分明清晰。

驚豔沉醉之餘，飯鍋以外，當下失了心，一反過往向來對鍋具的保守儉吝，立即往其他雲井窯土鍋邁進；不到一年內接連購入鍋型平敞、宜於湯品與鍋物的八吋赤棕色貽釉與七吋黑色鴨釉鍋。

比起飯鍋來，少了斷熱燜蒸步驟，一次直火加熱到底，遂更真切察覺雲井窯在蓄熱上的卓越，不僅短短時間就能煮得潤透入味，即使離火上桌，鍋裡還能千軍萬馬滾沸燙熱好久，冬日享用鍋品時分最是感動涕零。而通體密密上釉，不焦黏不沾色，連開鍋養鍋手續都可省去，著實方便貼心。

讓我就此擺脫在土鍋上長年來怎樣也勘不破的色相迷障，重新深刻領悟，所謂「器用」，果然「用」才是本來原點，魅於浮面表象，非為久長哪！

我的，黑漆漆鐵鍋三兄弟

前幾年，若論鍋具領域裡誰最紅火，當非鑄鐵鍋莫屬。各大品牌一波波特惠折扣狂打，銷售屢創新高；媒體上書市裡社群平台間，俯拾儘是鑄鐵鍋話題。

有趣的是，一路看過來，發現最能引起共鳴、刺激購買欲的，往往不見得是功能，而是，顏色。

不僅素以多彩見長的品牌最受青睞，且一有新色限定色問世，總能引發一陣搶購熱潮。臉書上IG裡，琳琅滿目五彩繽紛鑄鐵鍋列隊亮相，更早成一眾廚房餐桌美圖中，分外聲勢浩大的一群。

而每每被螢幕上流轉的紛呈顏色迷了眼目當口，我總忍不住轉眼回看咱家廚房而後失笑……明顯與潮流背道而馳之一片陰暗沉鬱——是的，雖同為鑄鐵鍋愛用者與重度依賴者，爐台上常駐三口鍋，卻竟一點光彩不見，一徑灰黑霧黑暗黑，我膩稱為「黑漆漆鐵鍋三兄弟」。

其實對黑並無太多偏好，更不曾刻意搜集此色；回想起來，一者應由來自個人向來素樸無華之審美喜好；其次則出乎對這沉重厚實材質的直觀感受，總覺沉穩沉著沉默色調才配它。於是不約而同，黑漆漆三兄弟就這麼陸續來到，成為日常烹調裡不可或缺的重要廚伴。

其中年歲最老的，當屬灰黑色的Le Creuset十八公分單手鍋，早已停產的早期

1. 法國Le Creuset
2. 日本柳宗理南部鐵器
3. 法國Staub

款。算算，來家應至少十五年以上了吧！其時，鑄鐵鍋於我還是可望不可攀的奢侈品項；碰巧那當口，出了幾本書後，媒體採訪拍照次數漸多，受不了我總是冬夏各只一套衣服亮相到底的母親，惱怒寄來一疊禮券逼我添購新裝……

結果才進百貨公司大門，一眼便瞄見品牌結束代理折扣清倉海報，一回神，已然喜孜孜捧回此鍋，母親的諄諄叮嚀全拋諸腦後。

但對我來說，這筆交易可比新衣划算太多！衣服會舊會過時，但這鍋，卻與我日日長年相伴；特別剛剛恰好的大小、可穩穩手持轉動傾倒的握把，加之鑄鐵鍋傳熱保熱俱優越的特性，適合烹煮兩人一餐份量的燉滷菜餚；在覓獲合心合意土鍋之前，連炊飯也靠它。

漸漸越用越上手，對鑄鐵鍋愛意日深；後來，結識了深心相契的柳宗理，當然立刻添一口旗下最膾炙人口的南部鐵器雙耳淺鍋。

南部鐵器是日本東北岩手縣盛岡地區傳承至今已超過四百年以上的民間工藝，從厚度到緻密度均遠勝量產鐵器。此鍋與原本的Le Creuset形制截然不同，中淺深度，宜於鍋物、煎烤；雖說相較下得稍微費心養鍋，但沉甸甸鍋蓋設計，即使滿裝湯汁、長時間滾沸也一點不溢洩，更勝一籌。

長相最陽剛的二十四公分Staub，則於數年前全新加入行列。對兩口之家而言略顯碩大，但深度夠且同樣具備不溢鍋優點，用來熬煮常備高湯和燉菜正合用。

三口鍋各自分工、各司其職、各擅勝場。一點不需以色相誘，一如柳宗悅柳宗理父子常說的「用即美」，我家廚房裡，實用耐用，才真正惹人悅愛、留戀久長。

生活的痕跡，琺瑯的顏色

回想起來，早在琺瑯器具全面紅火之前不知多少年，我便已與之結下不解之緣。是的。此生我的第一只鍋具，就是琺瑯鍋——那是大二時，從學校宿舍搬出、首度在外獨自賃屋居住。始終吃不慣北部食物的我下定決心自己來，於是，台南家裡櫥櫃中一陣翻找，翻出一口塵封已久、應來自某百貨公司滿額贈品的小小巧巧十六公分單手琺瑯鍋，就這麼攜了北上；之後，一口爐、一口鍋，怡然自炊自食，安度大學食光。

開始工作後，第一次擁有屬於自己的小小廚房，小氣不想花錢買鍋，再次回家討救兵。這回，又再度挖出同樣被遺忘多年、應也屬禮贈品的大中小一套三口鍋——不知是否家裡不愛此類材質，竟然還是琺瑯鍋。

就這麼派上用場，悠悠十數年，在結識鑄鐵鍋與柳宗理不銹鋼鍋以前，始終是我的廚房最主要戰力，煮湯、煮麵、燉菜、熱菜以至煮奶茶煮飲料全都仰仗他。

因此，長年相伴相處，越來越能平心領會、理解琺瑯鍋的優缺：最頭痛是容易上色，若用於醬油燉滷菜餚或煮茶，沒幾次就染上深色漬垢，清洗不易。其次是怕刮，攪拌與清洗都得儘量溫柔，否則長期下來，或多或少都有損傷。

然即使如此，還是愛琺瑯。除了因表面包覆一層玻璃材質釉料，隔絕金屬和食物的接觸，抗菌抗酸；且因質地細緻平滑，烹煮時也較不易沾黏沾味。

1. 日本野田珐瑯
2. 日本月兔印
3. 日本Kaico
4. 丹麥DANSK

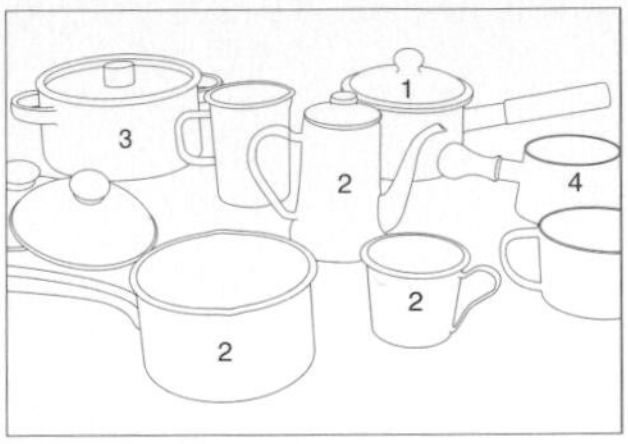

但最動人處，還在於美感和觸感。大相逕庭於不銹鋼鍋的銳利、鐵鍋的沉重、土鍋的渾拙，形體輕盈輕巧、氣韻優雅含蓄、色澤溫潤生光，日日眼見撫觸，都覺憐愛不已。

特別這幾年，有別於早年琺瑯鍋具的一派溫馨家庭風，來自日本、歐洲各地，形式樣貌更簡潔、且還流露淡淡復古氣息的知名琺瑯品牌陸續引進。特別日本品牌如月兔印、野田、Kaico等，融合了日風的簡雅與北歐的俐落，工法與質感上則更顯精細，深得我心。

剛巧，手上這四口鍋因歲齡過大，除了鍋蓋還仍完好，本體多已不堪使用，不得不陸續除役，正好一一換上新鍋。且因選擇更多樣完整，連其餘廚用道具也隨之加入行列。

到現在，細數一眾琺瑯夥伴，首要最依賴，當非野田琺瑯與月兔印單手牛奶鍋莫屬。尤其後者，其實是自家店鋪淘汰的格外品，手把邊緣略有些缺損，且竟還是我素來最敬謝不敏的紅色……但因同事極力遊說，遂還是帶它回家。果然，用來煮奶茶特別順眼上手，日日早晨都少不了它。

愛悅之深，漸漸竟連沾染日深的茶漬都覺順眼……「那是，生活摩挲出的痕跡。」——同愛琺瑯的朋友如是說。說得太棒，正是如此哪！

烤盤，直火之必要

每逢盛夏，周遭煮婦們總會紛紛抱怨，都說暑熱天氣揮汗做菜太辛苦，熱炒油炸菜餚全停了，涼拌以外，乾脆全塞入烤箱了事。我呢，雖因廚房採開放式設計，涼快通風，較不受天候影響；但長年偷懶成性，也頗愛輕鬆省事烤箱料理。

家常口味簡單清淡，燒烤肉類極少，最常登場是烤蔬菜。幾乎一點不花什麼時間，隨手片薄了或切成適口大小排入烤盤中，灑上鹽與大蒜、淋上橄欖油，放入預熱至一八〇攝氏度的烤箱中，烤至喜歡的熟度，取出拌勻即可。

種類則如馬鈴薯、白綠蘆筍、櫛瓜、秋葵、球芽甘藍、青花椰白花椰、青花筍、番茄等耐烤的蔬菜都合適——也曾試著將整顆高麗菜切大片入爐烤，葉緣稍見微焦便出爐，甜脆焦香，口感極好。

若想再多些變化，也多的是信手拈來素材可搭配：油漬鯷魚、油漬番茄乾、油漬沙丁魚、火腿培根臘腸臘肉、各種起司……甚至連鹹蛋、豆腐乳、烏魚子、韓國泡菜等都曾登場，鋪於蔬菜表面同烤，更增風味。

烤得上癮，順手好用烤盤自不可少。

早年入廚之初比較不挑：材質耐熱，樣子簡單好看可以直接上桌，尺寸不用大，十數公分口徑、剛剛好兩人份量，足矣。

1. 法國Le Creuset
2. 法國Mauviel
3. 日本かもしか道具店
4. 日本TOJIKI TONYA

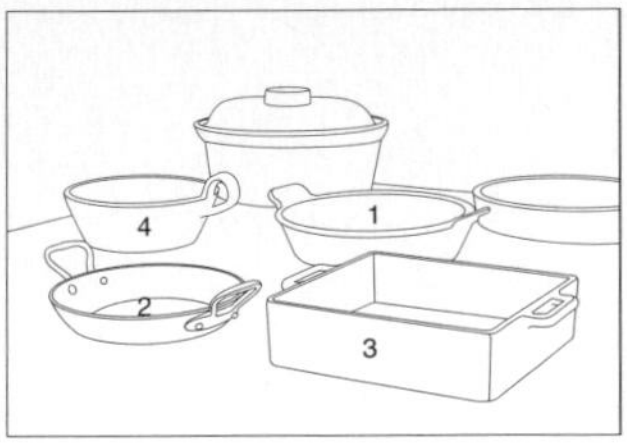

遂多半直接挪用陶瓷西點派盤，中規中矩不過不失。後來，第一次大手筆奮勇買下我的第一口鑄鐵鍋時，順手將同為鑄鐵一族、琺瑯表層，現在已不常見的這只Le Creuset圓形橘色烤盤帶回家；這才發現，烤盤之傳熱蓄熱效果原來如此重要，沉甸甸鑄鐵內裡，烤來速度快質感佳色澤美，尤其還可直火加熱，得能爐上先香煎再入烤箱烤，烹調可能性更寬廣。

就這麼慢慢講究起來，特別對能直火與烤箱兩用的烤盤另眼相看，後來陸續添購都非此類不可。

比方Mauviel雙耳淺鍋，素來最具專業名廚鍋具相的紅銅材質，由於價昂難能高攀，遂多年來只少少備了小小巧巧兩只，包括一支迷你醬汁鍋與這淺鍋，形制規格用來當烤盤剛剛好；效能卓著一點不輸鑄鐵，且還輕盈靈巧十足上相，除了外表容易氧化泛黑，得定期多花些工夫打亮外，簡直無可挑剔。

陶質耐火烤盤則是近年新歡，かもしか道具店和TOJIKI TONYA，一黑一白，都來自日本，敦厚潤澤，比起紅銅與琺瑯來別是另番味道：後者單一只高高耳朵，煞是可愛，只是燙熱時拿取得稍微留心；前者則屬日本歷史名窯之一的萬古燒，來源雖古，樣子卻挺時髦，同類器皿中較少見的正方形體，設計簡約洗練，為餐桌增添些許明快俐落感。

必先利其器

有些羞赧承認是，可能和大多數熱愛烹飪的人不同，做菜近三十年，對於廚刀，始終不曾投入太多心思與講究。

箇中原因，在我去年出版的《日日三餐，早・午・晚》一書中曾提及：純粹出乎挑嘴愛吃、非對廚藝有熱情而下廚，加之生性最怕繁瑣，一站上廚檯，滿腦子想的全是如何貪快，對鑽研菜式、琢磨精進技巧工法一點不感興趣……

刀工，當然也包括在內──隨手切切，能下鍋能吃就好，美觀細膩全不肯放在心上。

所以，既已抱持棄守心態，自然不值匹配什麼名門名匠絕藝好刀，價格得能無壓力輕鬆負擔，可用堪用，足矣。

遂而此生第一套刀組，與我的第一套鍋一樣，同樣「發掘」自塵封台南家倉庫裡的百貨公司贈品，一套五把：中式菜刀與剁刀、西式廚刀、水果刀、磨刀棒以至刀架均齊備，看著軍容壯盛，便喜孜孜扛了回來披掛上陣。

有趣的是，一字排開氣勢十足，但事實上真正用到的卻僅有其中兩把而已──自小到大幾乎沒進過廚房、全無任何家廚訓練，直到大學在外賃居後才自個兒讀食譜摸索學菜的我，菜刀、剁刀抓起來只覺沉甸甸拿也拿不住，實在無法駕馭，反不若小個頭的西式廚刀、水果刀輕巧自在。

1. 日本柳宗理
2. 金門金合利
3. 日本橋木屋
4. 日本志津匠
5. 丹麥Stelton

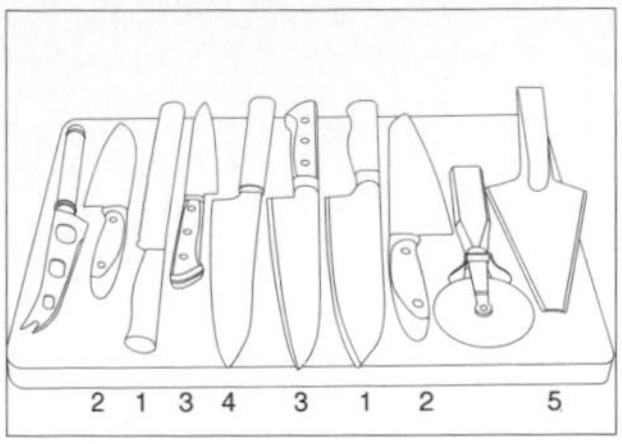

就這麼心甘情願一用十數年，雖老覺不那麼上手，所切肉魚菜蔬粗醜鄙陋難能入眼，但也從來自認皆因資質駑鈍刀技拙劣，怪不得人，還敢怪刀？

開始發生些微轉變，是邂逅了柳宗理之後，因著對他的鍋具的傾心愛戀，一一納為日用之餘，見廚刀價位還在可接受範圍，遂愛屋及烏帶了回來。一試果然順手，握感、下刀之舒服爽利都遠非先前可比，且還驚訝發現，所切食材不管片、丁、絲都突然悅目不少。

尤其另把麵包刀，鋒利非常，不僅切出的麵包平整滑順，連玉子燒、烏魚子等需得切面好看之物自此也全依賴它。

後來，一趟公司旅行到金門，經典觀光路線，第一站便先參觀了鋼刀工廠，同事們個個肩負媽媽婆婆囑託大肆開買；受氣氛所誘，雖覺柳宗理已經夠用，卻也禁不住湊熱鬧跟著抓了兩把。

確實不負口碑，金門鋼刀比以往慣用廚刀稍顯沉重，別有一種安穩感，且雄健勇猛，對付厚實堅硬之物特別在行，令人大呼值得。

但真正最大轉捩，當屬幾年前一趟東京行。其時，因對廚刀原本抱持的「堪用就好」態度已然鬆動，忍不住逛進以製刀起家的著名廚房道具店日本橋木屋；當場，見刀刃纖薄細緻，與平常所用迥然不同，一時按捺不住欲望，竟再度出手……

回家一試大大驚奇。雖因刀之纖細，需得避開高硬度食材以免有傷；但切片切絲之薄之細之齊之美，讓原本老是自嘲刀工零分的我，也不禁有些飄飄然起來。後來，又邂逅了另把價格平易些的志津匠通用刀，效果也近似，這才充分體會日系薄刃刀的好處。

於是就此醒覺，古人智慧之語：「工欲善其事，必先利其器」，還真有幾分道理——不一定需得追名攀高，然得識其長，而後各司其分、各擅勝場，才是正道。

我愛木鏟

有一回，瞄見某知名料理節目主持人在臉書上哭訴，說下廚攪拌時一不小心折斷了心愛的木鏟，且還連續發文多則，痛惜憾恨不能自已——看得我一時失笑之餘，卻不禁萌生幾分心有戚戚焉之情……是的，我承認，我也身屬「木鏟控」一族，傾心依賴已然多年。

眷戀之深，不僅廚中日日頓頓都少不了它；每每餐具店廚房雜貨店裡一眼瞄見，都定然飛奔前去，一一執起端詳把玩，若非另一半在旁猛翻白眼繼而出言阻止：「不許再買了，家裡已經氾濫成災了！」不然幾乎每一把都想帶它回家。

其實早年開始用木鏟，和許多人的際遇一樣，多少出乎勉為其難不得不然。那時，傳統鐵鍋不銹鋼鍋之外，一些較嬌弱的鍋具如琺瑯鍋、不沾鍋開始風行，使用守則第一條，就是萬萬不能使用金屬鏟，以免刮花了鍋子縮短使用年限。

當年，早慣了金屬鍋鏟的輕薄俐落、好抓好握，特別碩大中華炒鍋裡使來，揮拌煎鏟切壓都流暢爽利、且還叮叮噹噹清脆響亮；相比之下，不免老覺木鏟粗笨拙鈍，很不痛快。

雖然還有越來越流行的矽膠鏟可用，但軟趴趴使不上力，且多半太過鮮豔的顏色更是不得我心，只好還是硬著頭皮勉強開始學著適應。

沒料到漸漸習慣後，卻竟一點一點用出趣味：

首先是果然不傷鍋具，讓素來最戀舊的我得以與一眾愛鍋們綿長相守。繼之愛上的是觸感，手握撫觸都覺扎實溫潤。

實用上先通過心防後，慢慢外觀也跟著越看越對眼，原木自然材質，不管懸吊或插立廚檯、甚至直接隨鍋上桌，都自成風格味道。

且造型變化多端，可適用各種不同用途：扁型宜煎拌，杓型宜醬汁湯品，圓型適合燉菜燉飯……

尤其後來，日常菜色國界類別越來越模糊寬廣，日西韓泰印都有涉獵，但步驟作法卻越來越輕簡清淡；旺油大火少了，中華炒鍋遂不再是餐餐登場要角，反是平底鍋燉鍋土鍋各司其職各有所用，這當口，長長短短形式多端的木鏟剛好一一分別派上用場。

而原本以為木質不堅固且易潮濕發黴，卻是出乎意料之外地耐用。一如多年來從木頭砧板上得到的領會：天然材料自有其與環境的奧妙平衡之道；經久使用下，色澤雖難免略顯暗沉斑駁，卻依然老當益壯，其中最高齡者甚至已然堅守崗位十餘載，至今仍是我的首選最愛，更加刮目相看。

數大為用，料理匙筷

之前曾經提過，由於喜歡多樣擁有、繽紛配搭，我的器皿向來堅持一只一只採買，絕不重複、更遑論成組成套。然而，話說得斬釘截鐵，卻是直到最近才醒起，此中其實還是有例外──廚房裡日日必然用到的料理筷、料理匙是也！

開始用專用的料理筷做菜，應是受日本烹調習慣影響。台式中式廚房裡雖然也常用到筷子，卻似乎多與一般食用筷混用，少見區分──唯一只有下麵用長筷，為了防燙，足有普通筷子兩倍長，尺度驚人，導致除了沸水深鍋中撈麵挾麵、似乎也難做他用。

後來，在日本廚用道具中邂逅料理筷，只比食用筷略長約三分之一，樣貌質地敦厚樸實；好奇之下買回來試試，一用就愛上，適切長度，執持手感極是舒服，與鍋砵碗皿間的距離也剛剛恰好。

用途則出乎意料之外地寬廣：備料時攪打挑撿佈菜，平鍋湯鍋裡挾、揀、剪、切、炒、拌，盛盤時撥取、分盛、擺飾……比起昔往慣用的鍋鏟湯杓與尋常筷子來，委實爽勁俐落、精準細膩太多，甚至還差點把向來最得力的柳宗理不鏽鋼有孔夾從廚房頭號揀挾幫手位置擠下。

讓人不由得再度感歎，這看似簡到極致之器，無疑是咱東方人特有之無往不利百用工具、偉大發明，自豪不已。

1. 日本無印良品
2. 日本公長齋小菅
3. 日本柳宗理

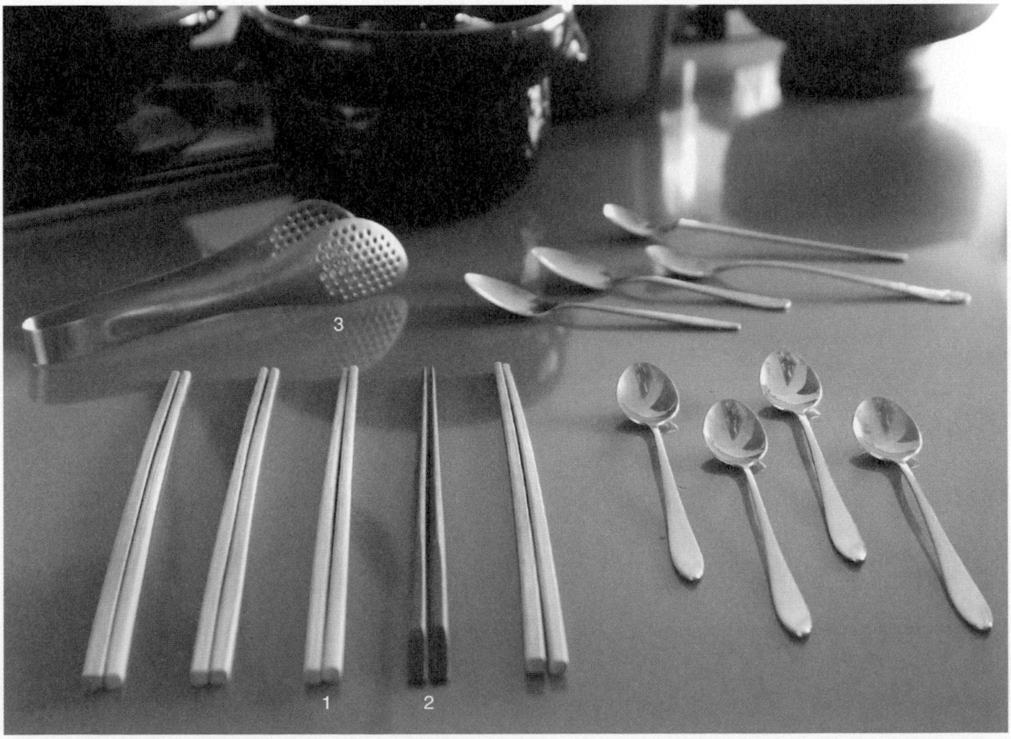

也因純粹實用至上，和咱家食用筷的一律個別單獨採買、導致一雙雙材質紋案顏色表情形色面貌紛呈，我的料理筷們，幾乎全部系出同源。

此中考慮，在於入廚素來求簡求快，一站上廚檯，便是同步多工多爐齊開，兵荒馬亂一心多用之際，最理想當然是一整落同型同款整齊立於筷桶中，信手一抓立刻堪用當用，哪還有什麼心思空閒逐一配對。所以，至今積累共六雙，悉數來自無印良品，全體一模樣。

只在最近突然加入新歡：至今已傳承五代、百餘歲齡的京都製筷名門公長齋小菅，照片上一看就喜歡，立刻訂了來；果然，質地溫雅潤澤，精細刨削表面握感絕佳，尖細筷頭則再小巧迷你食材都挾得起，想怎麼細緻唯美擺盤都沒問題……若非價格稍高，還真想也比照原來，一口氣備它個半打。

料理匙則有些出乎意料之外，最派上用場的這一組，其實是百貨公司周年慶贈品；當年來家之初，向來不愛成套的我本還咕噥著這麼多又這麼長能幹嘛？結果發配廚房後，立刻便覺不凡：略略沉重量體，抓取很是穩妥；長長匙身，無論罐中挖取醬料、鍋裡翻拌都上手；試味嘗味更是方便。

且雖無料理筷的配對問題，但一整組在那，抓誰都一樣，忙中別有幾分安定信賴感。

所以，人說數大為美，然我家廚房裡的料理匙料理筷們雖然數大，卻非為美而為「用」，此中意義，玩味再三，莞爾會心。

篩與濾之多樣必要

早就想讓咱家廚房裡這一眾篩網與漏盆夥伴亮亮相了，只不過，還沒全擺上，已禁不住開始有些吃驚……雖然早已知陣容堅強，卻沒料到這麼龐大。

是的。自認對各種廚用工具之採買與累積向來謹慎、極度講求多方多工彈性運用，若非反覆自問、萬分確定絕不可少，否則不輕易多買多備的我，從沒想過會在同一類型道具上擁有這麼多品項。

但事實上，細細審視，件數雖多，卻無一來自貪心衝動購買，件件都是再三深思熟慮後才加入行列；且多年下來日日操持，還真的每一盆每一篩都結結實實派上用場，各有所長，缺誰都麻煩。

首先是篩網，頗多出自無印良品，一如此品牌之最得我心處，樣貌單純基本，反更見踏實生活韻致味道。小尺寸濾茶渣酒渣、果汁飲料渣，平的撈湯渣，中的汆燙青菜食材。

至於深如筒狀這只，則是用途最侷限的「味噌湯專用篩」。一如後文提及，長年經驗下來，早早就戒斷了對單一功能道具的興趣；遂而，重重心防下，足足考慮了好幾年才終於開買，沒料到竟出乎意料之外合用。

畢竟身為重度上癮豆製品愛好者，不僅一周至少喝上一兩次味噌湯，味噌料理也常登場，以之將味噌攪拌隔細，湯汁滑順不結塊；且獨特設計形狀，比起一般通

1. 日本柳宗理
2. 日本iwaki
3. 日本有元葉子
4. 日本無印良品

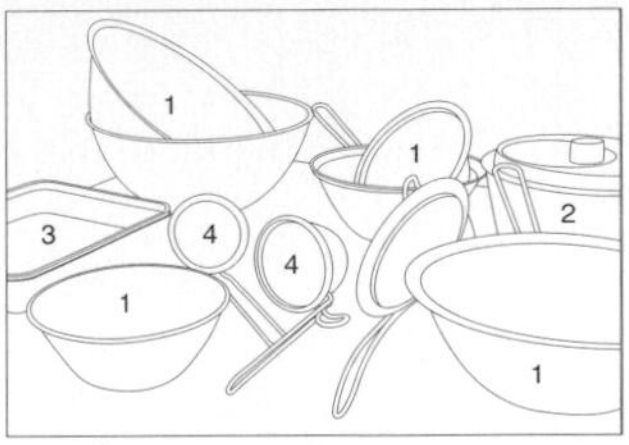

用的淺底濾杓來更能深入湯液中，俐落上手，當下大歎相守恨晚，的確少不了它。

漏盆，主要作為洗滌之用。最得力當屬我深心傾愛的柳宗理不銹鋼系列，其實可算大師作品中較晚來家的一批，原因同樣出乎買物的保守慳吝——原本家裡已有一只自年少慣用至今的白色塑膠濾盆，再怎麼心癢，也說服不了自己棄舊換新。就這麼一路延宕，終究等到舊物裂損不得不淘汰才終於添購。而這一用果然大為驚豔：整片金屬一體成形打造，美感手感上佳，且光滑細膩無死角，一點不擔心孔洞邊縫卡住菜渣。尤其不銹鋼耐熱材質，用以過濾、冰鎮燙熱的食材麵條也多幾分安心。

尤為折服是，搭配使用的調理盆也成日常烹調利器：盛裝、調製麵糊與蛋液，傾倒入鍋之際，薄透緣口恰恰能將漿液精準漂亮切斷，一點不殘漏流溢，不愧巨匠名作，每回使用都讚歎不已。

自此鍾情，特別肩負洗菜任務的另一半更是愛不釋手，在他堅持下，一口氣將十六、十九、二十三、二十七公分全數湊齊。對此，本還心疼叨念他手筆太豪奢，卻漸漸發現，各種尺寸同時上陣，大小菜蔬果物一次洗好，再不需輪流等待換用，效率奇高；讓從來做菜最是求快求速簡的我不得不閉嘴服氣。

嘗到甜頭，遂開始逐步鬆了把關；沒多久，連觀望好久的iwaki沙拉瀝水籃與有元葉子長方濾盤都咬牙買下，且果然都能擔大任。當下對此類商品更加一往情深

——嗯，下一步，該再添哪只好呢？

盛、量、分、倒，片口與量杯

片口、量杯、茶海、茶盅……名字雖不同，功能卻相似。

這些器皿，一致有著筒形身軀、圓尖傾倒口，有的無把有的帶柄，少數標有計量刻度、多數則無；功能主要為「過渡」、亦即承接而後轉倒或分盛液體之用。

形式近似，然依照國度、用途以至形制有別而各有稱呼：日文稱「片口」，通常體型較矮胖，古時原本用於將大桶大瓶之酒與油、醋、醬油等調味品分裝至小容器；進入現代後因生活型態改變而一度沒落，直到近二十年來，隨清酒風潮興起以及料理與器物研究家、茶人的紛紛起用與推廣，一轉為酒器與料理盛器、茶器，才又重新風行。

茶席上的「茶海」、「茶盅」，身為飲茶國度子民如你我理應再熟悉不過；扮演茶汁從壺到杯間的仲介角色，均勻、分茶全靠它。

廚房裡的量杯則明顯比前二者更機能取向，除了承接轉倒分盛，還肩負起量度任務；材質以玻璃、琺瑯、塑膠為多，樣式上也較規矩基本少變化。

而在咱家，因日日煮食、泡茶緣故，不管片口、茶盅、量杯，毫無疑問都屬長年相伴的重度使用道具。遂而所擁雖不算多，長久下來也積累了幾件鍾愛依賴者，算不上珍稀名貴之物，卻是各有所擅所用。

1. 我的「讀飲」
2. 台灣羅翌慎
3. 日本橫山拓也
4. 日本山田平安堂

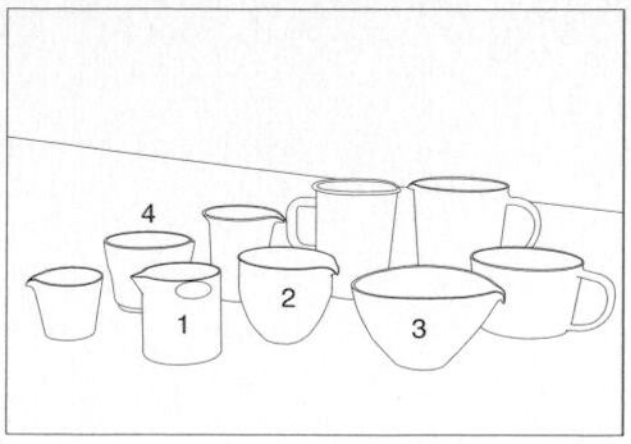

這裡頭，占比最高還是茶道具，但卻已脫離茶盅茶海的本來用途——早就揚棄紫砂紅泥小壺的我，茶盅與片口除了裝盛牛奶以沖調奶茶之外，更常是用來「降溫」：由於沖泡綠茶所需非為沸點溫度，炒菁綠茶如龍井、碧螺春約八十攝氏度，蒸菁綠茶如日本抹茶、玉露、煎茶約五十~七十度，遂得先將滾沸熱水倒入盅裡靜置冷卻片刻方能取用。

其中最派上用場的，當屬早年自己設計的「讀飲」茶具系列中的小盅，左右設有小小墊片以能防燙，形貌顏色靜白單純，和任何茶壺都搭，一五〇CC一人份容量，獨沖獨飲正合宜。

茶之外，還有咖啡，通常選的是體積大些的茶海或氣質較顯雅緻的琺瑯量杯，架上三角濾杯、聰明濾杯，比一般常用的玻璃壺來得好看有味道。

另一驚喜是今年新得的、台灣陶藝家羅翌慎的茶盅，某日隨手放上市售咖啡掛耳包，發現竟宛若量身訂做般，尺度大小加之略微外翻的口緣，恰恰能將掛耳包撐張扣合得剛剛好，一路至今，沖咖啡還比沖茶多。

數量略少於茶海茶盅，卻同樣角色吃重的則是廚用量杯，量度分倒之外，我的習慣，喜歡直接在量體較大或矮胖的量杯裡調拌沙拉醬汁、蛋液，澆淋入盤或入鍋不僅順手流暢，且容易控制份量。

至於餐桌上，即使日本一眾器物書中所勾勒鋪陳之擺盤畫面再優美，但可能因手上這幾隻片口都偏小巧，加之家常菜色大多還是台味擔綱，少見如日式料理般的精巧份量，遂始終還是用於醬汁、而非菜餚。

特別出自日本陶藝家橫山拓也之手的片口，扁圓形狀、握感絕佳，盈盈青綠色澤，裝盛現磨山藥泥，清碧粉白交相映，光用眼睛看，便覺清涼沁爽，胃口大開。

鍋墊，勇壯為上

前章談過杯墊與茶托盤，我想大夥兒應該已經多多少少覺察，是的，我對各種「墊」，似乎特別執著。而相較於前二者，更加倍不可或忘或缺者，當非鍋墊莫屬。

幾乎沒有任何僥倖！比起杯具壺具來，燒燙燙鍋子直接接觸桌面，定然立刻烙出一圈或慘白或焦黑印痕，無能挽回；對龜毛煮婦而言，是絕對不可等閒忽視之上上大事。所以，幾枚可隨手隨時抽用的好鍋墊，早成居家廚中之必有必備。

鍋墊之選擇，毫無疑問從美觀到實用度都需經得起最嚴苛審視考驗。特別美感，與其餘大多只在廚房中當值的工具道具不同，由於常得隨鍋子一起上桌，若樣貌不夠優美，怎對得起搭得上一桌子細細精挑選配之鍋碗瓢盆筷匙杯？

但太搶眼也不行，畢竟只是墊底的配角，太過炫目未免失了分寸喧賓奪主，還是謙遜些好。

所以，雖不曾太刻意講究，但跟隨多年的幾只鍋墊，樣貌大多安靜無華，素樸質地顏色，看著用著都舒服。

材質，則遠比外觀要更顯重要，足夠防汙防燙為首要之務。所以，常見的布質鍋墊一來容易沾染油污且常留下痕跡，二來隔熱耐熱效果較差，遂早早就淘汰放棄不用。

1. 葡萄牙Azulejos de Fachada

藤、草、木則是此類道具中我向來偏愛的素材；質感觸感一任天然，量體輕巧，耐用度也高。但長年經驗下來，發現還是有些眉角。

尤其近幾年，所用鍋具越來越講究，像是傳熱蓄熱效能卓著的鍋類，比方沉甸甸的厚重鑄鐵鍋，以及藝匠職人精心燒製、質地緊實緻密的日本土鍋，經久熬燉後，即便離火好一陣子，鍋內猶然萬馬千軍熱烈滾沸中……這當口，若貿然置於不夠勇壯的鍋墊上，必然遭遇不測。

我便曾冒冒失失以我的雲井窯愛鍋將一枚美麗草編鍋墊烙燙成焦黑，痛惜痛悔莫及；就此得了教訓，只敢以較硬質堅強的木質、藤編鍋墊對付。

後來一趟葡萄牙之旅，Azulejo彩繪瓷磚之國，看之不盡的美麗瓷磚畫建築外，餐具店紀念品店裡，滿滿都是瓷磚鍋墊。但我卻一路全不動心，只因花色紋案太過斑斕鮮明，有違我對鍋墊的素來低調要求。

直到旅途最後一站里斯本，來到Alfama平民區，不知是否被這兒更顯樸拙直率的市井風格瓷磚魅惑，漸漸失了心防；遂在巷弄間偶遇的年輕瓷磚藝術家工作室裡，買下了這只藍紋瓷磚鍋墊。

歸來後派上用場，竟出乎意料之外地上手合心。當然最宜是鐵鍋土鍋，同屬千度高溫淬煉燒製而成，可謂勢均力敵棋逢對手，一點沒有燙壞燙傷之虞；且面積比其他鍋墊來得碩大，與大口徑鍋具正合襯。

而原本擔憂顏色圖案太過搶戲，卻因最常迎戰的柳宗理南部鐵器淺鍋和雲井窯土鍋之造型外貌個性都強，視覺上極是旗鼓相當，剛剛恰好。

大盆小砵用處多

幾度提過，即使早年曾一度被冠以「戀物作家」之名，然隨年歲閱歷與心境的增長漸老，物欲越發清寡淡定。不僅數年前趁自宅翻修時機，一口氣捨離了家中大部分器物；且購買上也越來越謹慎保守，除非絕對必要確實有缺，等閒不再多做張看，更遑論添新。

但話雖如此，總還是有那麼幾類例外，若店家裡旅途中久久一次不期而遇，仍會忍不住心猿意馬停下腳步，珍重捧起細瞧；甚至抑遏不住心癢衝動出手買下。

——其中一類，是各種形貌尺寸的盆、籃與砵。

當然一律皆屬天然材質：木、藤、草、竹；大者需得雙臂環抱、小則足可兩掌盈握，樣式高高低低深深淺淺不一，色澤紋路各見樣態手姿。

你問我，累積這麼多盆砵究竟何用？用處可多了！餐桌上盛麵包、水果、沙拉，廚檯上收納不經冷藏的根莖蔬菜果物、需得快快吃完的小袋點心餅乾零食、等候品試的茶酒食物樣品；廚房之外，還有手邊經常取用的各種零零星星文具工具小物，全得仰仗它們大肚收容。

幾年前在《家的模樣》書裡談自己的收納哲學，洋洋灑灑七大守則之最後一條：「適度保持從容隨性。偶而容得一點不經意小小淘氣般的淩亂，則是另番自在生活味道。」

祈
香
福
餅

——事實上，這小小不經意的淩亂，便多虧這些盆砵幫忙，才能亂得自成章法。

而回頭細想，開始對這些盆砵發生興趣，始自二十年前，我的第一回峇里島旅行。

那時節，島上還未如此刻這般遊人熙來攘往如織；特別烏布，猶仍一派田園處處悠閒景象。有限的店家裡，除在地手作工藝品和繪畫外，還穿插些許從民家流入市面的二手家品家飾家具。

這裡頭，一舉攫獲我心的，便是這一個又一個的盆砵。整塊木頭雕鑿打磨而成，表面泛著日日經久摩挲使用後隱隱綻放的潤澤幽光，溫暖美麗非常；比起新品來更顯渾拙樸美，一見就愛上。

迷得我一路走一路看，一點顧不得碩大笨重不易攜帶，細細揀選了幾只回來。果然，一進咱家廚房，便立刻自自然然融入其中，逐一派上用場，彷彿天生原本就該在這裡一樣。

自此結緣，日後旅途裡，我總是不知不覺沿途留意起類似的物件。隨時代流轉，整塊實木的不免越來越少也越來越難高攀；於是，藤竹材質也漸漸納入收藏，不同於木砵的沉著敦厚，輕盈纖巧，又是另番風致。

當然第一鍾愛還是當年從峇里島奮勇扛回家、形體最碩大厚實的這只木盆。最露臉是年年白露前後文旦季，一大箱上好麻豆老欉文旦柚從家鄉堂堂寄到，一顆顆盆裡高高堆疊成寶塔狀，一整月幽幽散送芳香，好個應節豐饒意象！

印尼峇里島木盆

裝罐上癮

不知從什麼時候起，發現自己很愛「裝罐」。食材、乾貨、調味料、各式粉類、手工餅乾、點心零嘴小食、甚至日常吃的中西藥……只要不需冷藏、也非一兩天內會立即吃光用掉，特別是包裝不美或封口困難的，除了少數如茶葉咖啡豆等生性怕光素材需得另案處理外，其餘，定然立即動手拆掉包裝袋，選一只大小合宜的玻璃罐重新裝填密封保存。

有人笑我龜毛作態、一點不怕繁瑣麻煩……不不不，錯了錯了，我的裝罐癖之養成，固然一部分出乎對美感的挑剔耽溺；但事實上，忙／懶煮婦如我，向來最求速簡重效率、從不自找麻煩。

——長年家事打理心得，早就太明白知曉，世間所有事都一樣，眼前躲懶，往往意味著收拾不完的後患，還不如第一時間立即順出條理，才是真正輕鬆安逸之道。

裝罐，便是絕佳之例：透明容器一一盛裝起來，不但一目瞭然，查找拿取容易；最重要是開開關關快速方便，比起既有袋裝之或得靠橡皮筋反覆繫綁、或得一次次拉扯按壓越來越不牢靠的夾鏈來，無疑舒服爽利得多。而且罐裝密合度高，相對食物較不容易變質受潮，美味耐久，更加經濟划算。

而多年裝罐生涯，累積了各種各樣不同的玻璃罐，也漸漸琢磨出愛用慣用的罐型。這裡頭，說也奇怪是，市面上口碑絕佳備受傳唱愛戴，且挾造型美風格佳遂在IG、臉書與視覺系食譜書上分外風光的幾大歐美「名牌罐」，雖曾嘗試使用，卻總覺不易上手。

原因在於，一些看似貼心的所謂巧思，像是分開的密封夾或金屬罐蓋，對我而言多多少少都有開闔或拿取不便的問題，遠不若老老實實傳統罐型合意合心。

最偏愛是下壓式環扣設計、白色墊圈的義大利Bormioli Rocco Fido罐、日本星硝罐，樣貌素樸敦厚、經久耐用、密封度高，且從罐蓋到罐身全為玻璃材質，裝盛任何類型食物都安心合宜；目前所擁多個，不少都已陪伴多年，每有裝罐需求都最先想到它，是我心目中第一首選好罐。

以膠圈上蓋直接扣合形式次之，密合度雖無法和前者相較，但使用上簡單俐落，也有優點。金屬旋蓋樣子好看，但為避免生銹，還是只留著對付乾物為佳。

至於其他難以嚴密封蓋者，比方使用軟木塞或全玻璃上蓋材質的罐型，則純然情調取勝，只能用在不需顧慮空氣濕氣、甚至本身附有包裝之物上。

形色瓶罐，各有所用之外，也頗賞心悅目。尤其幾年前自宅重新翻修改造，有了開闊闊的中島後，擺放空間多了，更是裝罐上癮，還樂得一罐罐全不歸架，直接置放廚檯上；大傢伙兒肩並肩長長站一排，成為居家裡分外迷人一景。

1. 義大利Bormioli Rocco Fido

分裝成癖

去年，因《日日三餐，早・午・晚》出書緣故，開始接受媒體針對此主題來家拍攝採訪。有趣的是，過程中除了談烹調、菜色與日常四季餐桌之樂外，另一引發高度興趣話題，當非我的廚房收納莫屬。

尤其正式開爐作菜之際，每每拉開冰箱冷凍櫃，總會引發一陣騷動，大夥兒一擁而上、爭相圍觀抽屜裡滿裝的一盒盒一袋袋一份份各種各樣各經審慎分裝的食材，嘖嘖讚歎吃驚。

——其實也沒有什麼稀奇，小家庭廚房求生方罷了。

可算平時網站上日日貼文分享三餐之際最常碰到的發問之一，都說一人兩人之家很難買菜做菜，特別份量極難拿捏——但對忙／懶煮婦如我而言，二十幾年掌廚下來，卻反而覺得可以少少做自在吃，很是輕鬆省力暢快。

其中要訣，只要掌握「小量分裝、分次享用」之道就好。

所以，別老想著一包菜一枚瓜定得一次吃掉，一材多用、聰明保存：第一回涼拌、第二輪鍋炒、第三次煮湯……作法不同、調味與配料不同，不怕多不怕膩。

最重要是善用冷凍。事實上，鮮蔬之外，可冷凍食材遠比想像多得多：各種肉類或魚、頭足類海鮮，麵包饅頭水餃餛飩、常備菜以至漬物乾貨香辛料……都能凍

1. 西班牙LUEKE
2. 米飯保存碗

都能存，不僅可精確控制份量，還可多備可用素材。

因此，早年乍一嚐了甜頭，到現在簡直有些「分裝成癖」；從採買當口就開始忖度估量，這該分幾頓、裝幾份？一到家便立刻趁鮮切、分、封、急凍完成。

而如高湯、米飯等，一次煮一大鍋分盛備存；甚至連從餐廳打包剩菜回家，也不一定非得幾天內消化掉，稍作區分處理後凍起來，日後慢慢留用，不僅惜食不浪費，還可有效撙節調理時間，一舉多得。

分裝方法與材料，早先多半依賴密封袋和保鮮膜，卻越來越覺太不環保；尤其密封袋若盛裝的是乾燥無油食材還可清洗後再利用，保鮮膜就非得丟棄不可。遂開始動念尋找可永續使用、形式好放好收、且顏色樣貌尚稱素樸可接受的分裝容器。

首先覓獲的是米飯專用保存碗，可排氣密封、可微波耐熱，一枚枚飯碗形狀大小，盛裝估量都方便，對早習慣隨時儲備「存飯」、以能快速開餐的咱家合適剛好。

高湯盒便頗花了些時間細細搜羅比較。後來選的是西班牙品牌LUEKE的分裝盒，矽膠內裡，碰觸帶油份的湯品相較塑膠來安心許多；盒身連蓋設計取用俐落，還可直接跨扣於洗碗機架上洗滌，除了盒蓋容易鬆開是一需得多加留意的小小缺點外，可稱貼心。

至於保鮮盒則多年來累積無數——幾乎用不著花錢買，光是各種消費積點禮贈品就足夠滿堆一櫥櫃。只可惜因體積較大，空間較充裕的冷藏櫃尚能多用，冷凍庫則大多不夠輕巧輕薄好疊放……每說到此就不禁期盼，若市面上能有更細緻多樣的此類商品，該有多好。

那些，派不上用場的「專用」道具們

我的廚檯角落裡，有那麼幾格空間，是平常極少垂顧碰觸的——裡頭安放的是，已久久不曾使用的廚房工具：

義大利麵度量板、洋蔥切丁器、小黃瓜切絲器與挖球器、水果去核刀、蒜頭壓泥器、分蛋器、檸檬榨汁器、生火腿夾、煮蛋器、迷你量匙、迷你刮刀、迷你攪拌器……都是來家至少十數年歲月以上的舊物了。有的早年一度慣用愛用、有的則可能出場一兩次便拋諸腦後，有的甚至一次擔綱機會都沒有過。

曾經年少時，對這樣設計別具巧思、各有專門用途的廚房道具分外著迷；每每旅行之際，總愛在此類店家裡流連不去。

最生火在日本生活雜貨店，一板一眼龜毛究極民族性，幾乎每一常見食材菜餚都開發出專用道具；一一端詳，總忍不住萌生各種幻想，以為有了這些小物的幫忙，便能跨越手藝的還仍稚嫩生澀，把菜做得飛快精細漂亮。

好在當年願想雖大，購物膽識和荷包卻都不夠豐足，無法真的失控大肆採買；但審慎添購下，幾年下來也還是陸陸續續累積了一定數量。

但卻是很快便發現，所謂「專用」，反而多了局限少了彈性，不見得真的「實用」。

1. 義大利麵度量板
2. 洋蔥切丁器
3. 小黃瓜切絲器
4. 水果去核刀
5. 蒜頭壓泥器
6. 分蛋器
7. 檸檬榨汁器
8. 生火腿夾
9. 煮蛋器
10. 迷你量匙
11. 迷你刮刀
12. 迷你攪拌器
13. 挖球器
14. 切蛋器

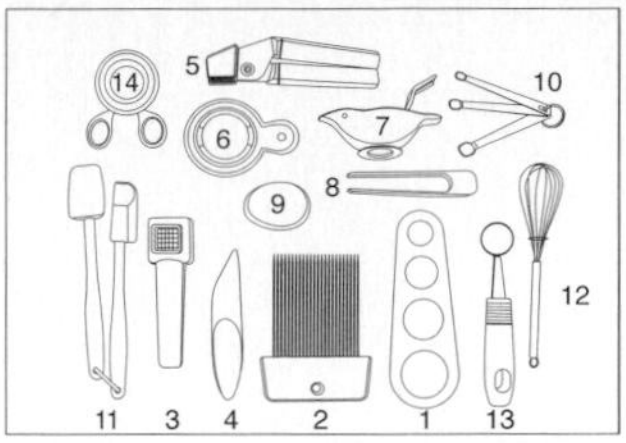

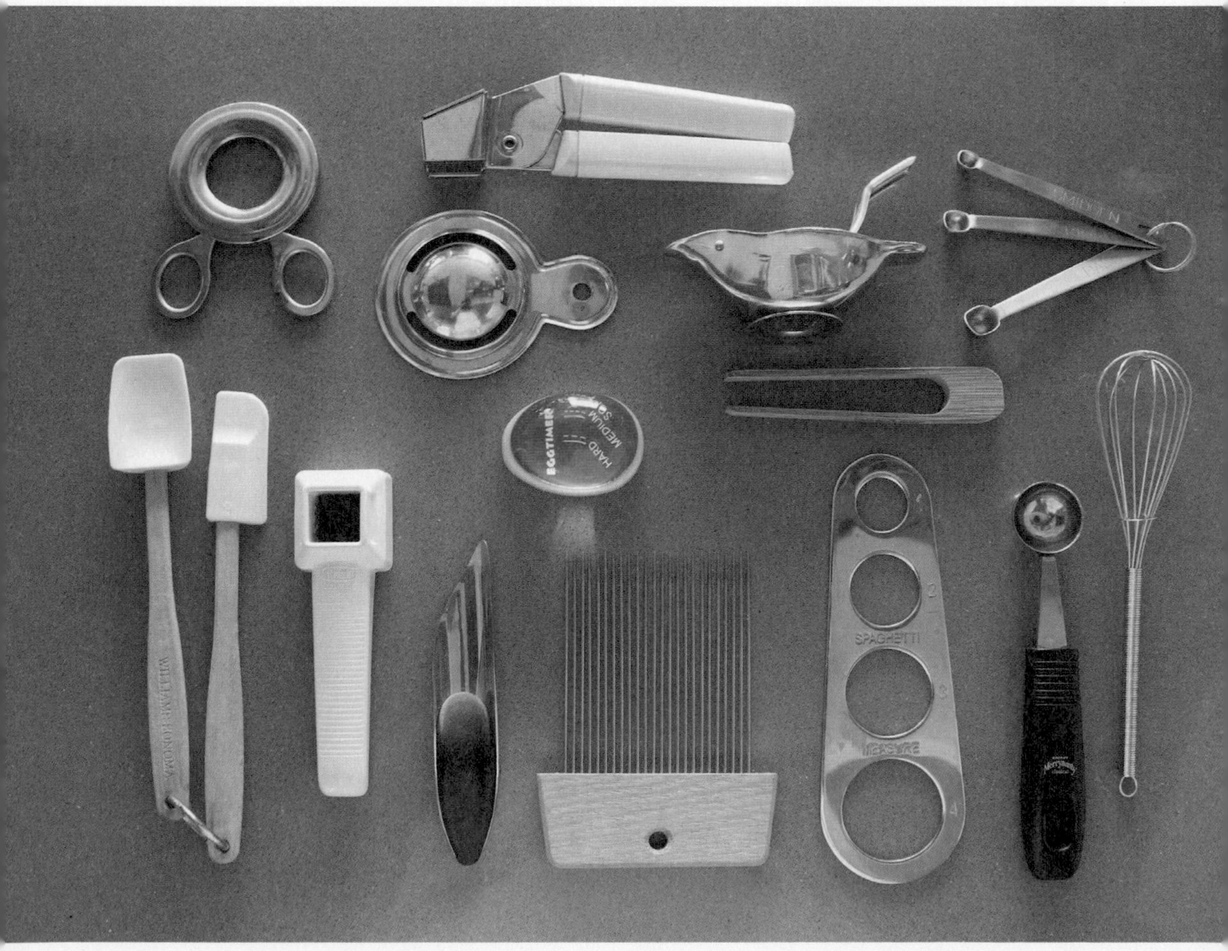

特別忙碌太過生活步調裡養成的慵懶怕麻煩脾性，逢到做菜上，更是一味偷快偷工貪求效率；每每三爐齊開十萬火急當口，自然而然每一步驟都力求簡化簡單直覺解決，哪來的閒情閒工夫細細考慮此時此刻這根蔥那枚蒜這把菜那枚瓜該歸哪件對付？且事後清洗還多嫌累贅費事。

尤其漸漸入廚多年後，刀工廚藝即使說不上精進，但至少勉強有點熟練；遂益發清楚明白，與其累積形色各款看起來厲害的削切器具，還不若投資一把好刀來得多工多用、俐落實在。

最重要是，對做菜的看法一年年越來越灑脫不羈——原就不是擅烹大菜名菜之廚藝大家，既言家常菜，不過就是年年季季月月日日不斷流轉的尋常日常，簡捷率直爽朗為上，委實用不著太過苛求整齊細膩美觀。

所以，切絲、切丁、壓泥，一刀在手剁切削挖壓拍了事；榨汁、分蛋、分排生火腿則手指萬能；量義大利麵、煮蛋時間？事實上若真求準確，直接秤重計時更牢靠；至於那些小巧迷你道具……說真的與其還得開抽屜翻找，乾脆抓根長匙比較快。

遂就這麼一一打落冷宮，每回取用其他物件時，抽屜一拉開，眼角瞥見這群久不見天日、寂寂寥落神傷的小傢伙們，總難免心上歉然。

因此早早便戒斷了對所謂專用道具的耽溺。至於已經購置的，卻也並未全如其它廚房器皿般，一旦派不上用場便一律淘汰捨離，反是斟酌重點留了下來；算是一種警醒吧！不時提點自己，家常廚事，越是單純極簡，越能自由開闊、細水流長。同時，也對廚器之何為堪用何為無用，又多幾分省思與咀嚼。

返簡歸樸，烘焙道具

前篇〈那些，派不上用場的「專用」道具們〉在網路上分享時，迴響出乎意料之外地熱烈，讀者們紛紛加入話題交流心得，一路聊到，烘焙相關道具顯然也在這閒置排行榜上頗占一席之地。

令我一時莞爾。但剎那萌生的並非心有戚戚焉的同病共鳴，而是慶幸。

——是的，早從年少時開始涉足烘焙領域便已心知肚明：這可是惡名昭彰一大錢坑哪！若不知節制，任由物欲橫流，絕對勞民傷財滿坑滿谷難能收拾……遂而小心謹慎非常，能少就少、能兼就兼、能省就省；每每添購前，必然思前想後考慮再三，若非百分百確定非有不可沒它不行，等閒絕不輕易出手。

還記得當年，有感於烘焙與做菜不同，非為獨自摸索就能一蹴可幾舉一反三無師自通，太多理論概念需得徹底弄懂，遂接連上了幾堂西點與麵包課。

那當口，無比旺盛好奇與求知欲作祟，我成了課堂上最聒噪多話的學生，一整堂頻頻舉手不斷發問，問題除了關乎本質原理的「為什麼？」，次多的就是「如果沒有／不想買○○或ＸＸ，可以怎麼做？有沒有其他道具可代替？」

想來應把老師和其他學員煩吵了個不可開交，至今憶起仍覺羞赧。

好在有當時的持守，基本初階知識熟習之後，個性使然加上本就分身乏術，忙／

懶煮婦如我，終究不曾真的成為烘焙高手與狂熱者；尤其隨著歲齡增長，看待食物越來越渾樸本真，做菜也越來越直覺簡單，對此更加冷靜熄心。

當然並不曾因此全捨了烘焙，宅性堅強、最愛在家煮在家吃的我，有些麵包甜點還是喜歡自己動手。但那些繁複多工精雕巧琢的華麗品項一律敬謝不敏，橫豎怎麼樣也做不過外頭賣店，偶而在外打打牙祭已然足夠，日常食，樸素單純極簡就好。

於是麵包類，只做最三兩下就可完成的快手基本款佐餐麵包、Pita口袋餅、披薩；蛋糕類，則光磅蛋糕、手工餅乾就可對付平日所需。

你問我會否單調？一點也不哪！一如我多年家常烹調心法，一年四季隨時流動、千變萬化的當令食材才是主角，光是彼此之交互配對組合已然目不暇給眼花撩亂、吃不盡嘗不完，當然樂得不用忙累多生事端。

看待烘焙道具也是同樣心態。多年來依然極少多備多買多餘工具，特別電器類更是敬而遠之。

即使偶有動念略添一二，奇妙的是，也並不真的愛用，至今手邊鍾情依賴的，大多數依然是二十多年一路陪伴至今的這原始組合：量匙、刮刀、打蛋器、擀麵棍、麵粉篩、麵團切刀與割紋刀、蛋糕模各一，幾只盆缽，足矣。

再度反映此時此刻看待器物看待生活的見山是山。

是的，從來不必要的擁有反成壓力與負擔，少，方見清明開闊，返簡歸樸，才能靈動自由。

廚房裡的分秒

十數年前，因一些緣故，媽媽曾在我家住了一段時間，是我定居臺北後，極難得的一段母女日日朝夕相伴時光。由於長年分隔兩地，生活與入廚習性已有差異，遂不免衍生些許小小趣味事，點點滴滴，總常在日後憶起，咀嚼不盡。

還記得，才住下兩天，她便忍不住困惑提起：「你的廚房裡怎麼那麼多怪聲，一整天嗶個不停？」渾然狀況外的我當下一頭霧水，再一追問才知，原來是各種電器與計時器的響鳴。

這才驚覺，原來我的周遭，其實充滿了各種提醒聲音。

是的。在家工作忙碌還得兼顧下廚、加之重度飲茶習慣，一整日裡，總是書房與廚房間不斷兩邊奔跑，一面埋首電腦前奮戰、一面打理三餐以及日常茶事。

雖為配合這獨特生活節奏，居家格局刻意做了因應，書房與廚房緊鄰且相互通透，無論置身哪方，轉頭便可兩邊查看；但為避免專注入神太過誤了廚事，多年經驗積累下，遂一一設下重重機關以為防範。其中之一，便是這些嗶嗶作響的計時工具。

幾乎已成反射動作了！每每廚裡動作到一階段，進入等待時間，不管是等水沸、等湯滾、等醃漬或燉煮熟軟入味、等麵團發酵或鬆弛、等茶泡開……就算短短只有幾分鐘，我也定然按下計時器，然後或是轉而進行另道菜的處理，更多是返回

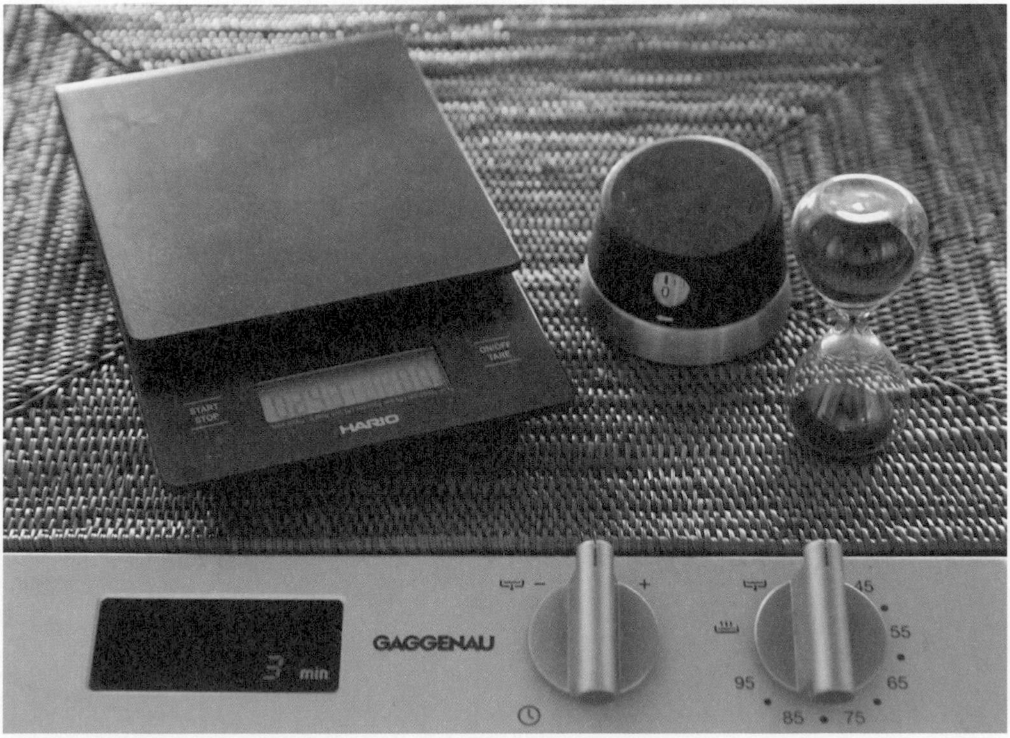
START
STOP
HARIO
ON/OFF
TARE
GAGGENAU
3 min
45
55
65
75
85
95

書桌前繼續幹活，一邊等待警醒聲依約響起，再返回廚檯進行下一步驟。

而有趣的是，我的計時工具們，和一般常見慣用很不一樣。嫌相關市售電子產品多半呆板醜笨，等閒全看不上；早年因此買下一只歐洲品牌圓筒造型計時器，樣貌洗練極簡、頗具時尚感，還可磁吸於冰箱上。

看似美觀方便，可惜時間一到鈴響震天，讓人大嚇一跳，吵得向來最禁不得喧鬧的我為之神經衰弱，自此淪為純粹冰箱磁鐵，再派不上真正用場。

結果到頭來竟漸漸發現，根本全不需另外添購，一眾廚用電器都附有計時器，且一一近在身畔，用不著費事另外取用，伸手一轉一按就好。

所以，從蒸爐、烤箱，早期還有電熱水瓶（日系品牌為速食麵而設的貼心設計，然在我家倒是鮮少用於泡麵、反是泡茶為多），新近則連電子秤都配備；既有功能外，就這麼一一肩負起時計任務，護著我不至於燒乾了壺烹焦了鍋煮糊了麵泡澀了茶，著實好幫手。

當然，守舊如我，也還是留用了那麼一件老派計時道具──砂漏。不鳴不叫，就是在沉默裡任光陰流洩一空……

然這般優雅安靜，在緊湊生活裡卻顯得如此奢侈，因而總是很難用得上；只能久久一次，不用奔忙不貪多工，能夠餐桌上閑坐泡茶、喝茶之際，才輪它登場，定定凝視砂粒徐徐而下，分分秒秒，都覺怡然悠長。

SEIKO

日用之器

Chapter
Four

桌花，宛若在原野中綻放

醉心日本茶道美學多年，茶聖千利休訓示弟子的〈利休七則〉：

「茶應沏得適口合宜。
好好添炭煮水。
鮮花要插得宛如在原野中綻放。
夏天保持涼爽，冬天也能溫暖舒適。
在預定的時刻前提早做好準備。
凡事未雨稠繆。
對人將心比心。」

——簡簡單單，卻是每回默誦，都能讀出無窮深意，成為生活甚至人生裡不斷自省、努力信守的雋語。

這其中，特別「鮮花要插得宛如在原野中綻放」，更是一見便忍不住莞爾微笑、繼而深心相契之句。

簡直拿著絕佳藉口！插花一任率意隨興如我，從來不管什麼流派規矩章法，光就是稍微修剪後隨手往花瓶中亂扔一氣；且花材也簡，不愛多樣搭配佈局，全靠單一花種獨挑大樑，只隨四時季節流轉而變換……這會兒，既得大師箴言掛保證，當然就這麼自顧自理直氣壯任性下去。

1. 古早柑仔店的糖果罐

是的。早從二十幾年前、有了自己的固定居處後，咱家餐桌上總是時時有花。記得年輕時、還在室內設計雜誌任職之際，一位設計師對我說，居家裡最美麗的裝飾，是書、還有花，令我深以為然。

到現在，滿架藏書與鮮花瓶插，始終是家中最動人的景致。買花、擺花，也和買菜、煮菜一樣，成為習慣成自然之日常生活事。

但說來奇妙是，頻繁插花，花瓶雖不可少，所擁數量卻不多，長年積累至今，也不過寥寥數件；且材質極度單一，光光就是玻璃一種而已。

原因出乎我的一貫器物觀點：花才是真正核心主角，作為盛器，極簡謙遜為上，變化太多虛華太過，反而平白喧嘩搶戲。遂而，透明簡淨、清透無華，不僅最能襯托花之顏色姿態，且還清晰能見枝莖之交錯挺立，更添風致。

最重要是出乎實用考慮，瓶水之多寡與潔淨程度、花莖健朗與否，何時該添水換水剪枝一目瞭然，一點不需揣測猜度，自在安心。

細數手邊這幾只花瓶，跟隨最久、與我最有感情的，當屬圓壺罐型這只。前身是古早柑仔店的糖果罐，渾拙樸實手工玻璃，形狀既敦厚又雍雅，是早年採訪台灣民藝專題時，在某收藏家那兒一眼望見便愛上，蒙他慨然相讓；珍重愛用至今，最宜數大多花、一整捧豐饒盛放。

2.　日本HIROY GLASS STUDIO

一高瘦一矮胖的方形花器則隨花禮而來，基本款到幾近無聊，卻反而極派上用場：前者幾乎不管什麼花都能配能搭；後者就比較麻煩，個頭矮矮、尺度寬寬大大，花朵放進去便先倒栽蔥、不好固定，且數量不夠也很難好看。

但若收到豐盛肥碩圓蓬蓬花束，不忍放著不管，想立即拆開，剝去純裝飾多餘葉材，好好插水讓花兒們舒展透氣；偏偏所擁花器不是太小就是太高，這時就得請出它來，選幾支長度夠的先入「缸」交互卡緊後，其餘一股腦全插進去，任其各自橫陳……看似亂無章法，但餐桌上看著，漸漸總能玩味出些許率意之氣，也是樂趣。

藍與綠與紫這三只則為這幾年迷上的日本玻璃藝術家作品，分別為HIROY GLASS STUDIO的花岡央、星耕硝子的伊藤嘉輝以及atelier Mabuchi的馬渕永悟之作。比起民藝與基本款來，多了雋永的匠藝與雅逸的細工，形體也小巧，少少只插數枝便有模有樣，頗省買花錢且不占空間、得留桌面寬闊清朗，是近年新歡。

3. 日本 atelier Mabuchi
4. 日本星耕硝子

園無為而治

在此誠實招認，自小到大，我對植物非常不擅長。即使是最單純基本盆景盆栽，一旦落入我手，無一不是短短時間便死於非命悲劇收場，萬分挫敗遺憾。

然後，二十多年前入住此宅，當年公寓大樓一度常見的設計，陽台上附有大大花台一方；雖說誠惶誠恐接下任務，但果不其然，才沒多久，原本既有植物相繼枯死，之後不管再種什麼，從浪漫的香料香草、到據說到哪都能活能長的野菜野蔬，十幾年來屢戰屢敗，從來有緣無份難能相守。

當然多少知道原因所在：一來人懶怠遲鈍心不在此，對植物狀態很不敏感；二來陽台朝南日頭炎炎，非為耐旱耐曬品種極難存活；最致命是旅行頻繁，實在無能無力持續密集照料。

最終只得死心絕念，任它雜草叢生一片蘼蕪，野草自生花自長——道家治世最高境界稱「無為而治」，古有園林教科書名《園冶》，我遂自嘲「園無為而治」，且就順其自然隨它去吧！

直到二〇一三年小宅重新翻修，全家面目一新，沒道理唯獨花台荒廢如舊，只得打疊起精神，重新振作再次挑戰。

這回，特意找了專業園藝公司來，將過往景況和盤托出坦白交代……「多肉植物如何？久久澆一次水也不怕，也不用花太多心思照看，應該合適。」對方建議。

既如此說，且就試試看無妨。

首批種下的是唐印和龍舌蘭，並頗有畫境地點綴些許大小石頭，雅緻中透著奔放繽紛，小小花台，卻宛若擁有了一座庭園般自成天地，很是悅目；之後，又多添了石蓮花和左手香，更顯熱鬧。

而也確如其言，果真不費什麼氣力便得一窗綠意盈盈，龍舌蘭長得飛快，唐印則隨冬日氣溫越低而由綠轉為豔紅——靜靜凝視這隨季候而流動的勃勃生氣，成為常日生活裡的一大樂趣。

當然也不是真的除了偶爾澆水外全無作為。畢竟是有生命的活物，難免有消有長有生有滅；好在多肉強壯，相較其他植物來，那變化似是悠緩寬容許多，遂能在這日日靜觀裡，徐徐琢磨出因應對待之道。

比方一開始純粹只是把枯乾朽老部分修去，並隨手將剪下的多餘翠葉綠枝插埋土裡，沒多久竟發新芽；歡喜中遂漸漸大了膽子，網路上查了資料，開始定期修剪拔高或徒長或開花的枝葉、另外插枝繁殖。

但畢竟仍不專精，過程有得有失，但可喜還能勉力維持蔥龍碧綠。且從後來幾次室內多肉盆栽的相處經驗看，呵護關注緊迫盯人太過反而添亂，還不若放手放開，隨時隨勢而動而走，人與植物都自在。

至今五年多，花台樣貌比當時明顯有了不同：三棵龍舌蘭們不僅還都健在，且一邊兒自己長得龐然、一邊兒開枝散葉兒孫滿堂；石蓮花隨插隨發，取代曾經繁盛的唐印成為另一霸，左手香在近年越來越炙熱的炎夏摧殘下終究沒能活下來，然信手插上的一株隨花禮而來的「兔耳」，卻自顧自茁壯成碩大。

「園無為而治」，想到多年前曾經自嘲的話。一如老子《道德經》之說：

「道法自然」、「生而不有，為而不恃，長而不宰」……有為與無為之間，生滅消長得失守離之間，是另重咀嚼玩味不盡的，人與物之道之會之緣。

光陰哪！請你慢慢走

不知從什麼時候起，發現越來越多朋友不戴錶、不看鐘……「看手機更方便啊！」他們如是說，讓我頓有恍然大悟感——也對。數位時代生活模式，手機須臾不離身；加上電腦以及身邊各種電子式電器上也都有時刻，欲知時間為何，隨手順眼一瞄就好，哪裡還需要看錶看鐘。

雖然聽之有理，但說也奇怪，是個性上作風上的素來老派嗎？這麼多年來，我卻始終對此趨勢視若無睹渾然不覺，想知道當下幾點幾分，直覺還是抬手看錶、轉眼看鐘。

遂而家中各角落總是一定要有鐘。小坪數居家，為顯清爽寬敞，有限牆面需得盡量騰空留白，因此長年習慣依賴桌鐘，且通常是個頭嬌小不占空間的小鐘。

而古板守舊如我，總嫌早已風行數十年、一目瞭然的電子鐘冰冷無味，從不願列入考慮；一定只肯要的是，有鐘面有鐘點、時針分針秒針一應俱全的傳統時鐘。

尤其必不可少是秒針。凝視那細細修長針影一圈圈悠緩緩滑行，彷彿窺見時光點滴流逝的腳步與軌跡，是意趣，也是警醒。

時分標示，則喜歡清晰數字遠勝大小粗細線狀或點圈刻度，更多些明明白白交代、不故弄玄虛含糊的爽朗感。

SEIKO

造型，則略有些拉鋸：曾經依隨素來審美傾向，堅持簡淨雅潔就好，遂而早年慣用的幾只鐘，形狀長相都一任直正四方，素樸無華。

但漸漸卻覺這般單純寡欲模樣，似乎並非心內真正想望；反是年少時不知哪兒隨手買來的一只復古形式、上端兩側戴有鐘鈴的銀色金屬鬧鐘，床邊陪伴多年，竟越覺合心順眼。

當然從來不曾真把它當鬧鐘用。試過一兩次，大鳴大放震天嘎響，轟得素來最怕吵的我，一早起便頭痛欲裂倉皇失措。遂就讓它保持靜默，純粹安於桌鐘角色足矣；卻反而細水長流，越看越用越有味道，日後添購，漸漸也都以此類鐘款為目標。

此中因由，我想一如大部分的古典經典設計，漫長歲月一路淘洗淬煉至今，原就比新物件新作品來得雋永耐看。

最重要是，居家裡的桌鐘，顯示的是生活裡日常裡的時間——應是出乎深藏心底的欲求吧！緊湊奔忙步調裡，總盼著能再慢些、緩些，分秒時刻，都能更多些閒情，徐徐活出、過出、品啜出餘韻滋味。

所以，不想依靠手機電腦，不要直截乾脆的電子鐘；寧願時針分針秒針慢騰騰一圈踅過一圈，寧願復古桌鐘的彷彿連結舊日昔往……

光陰哪！即使心知肚明註定如梭似箭、難追難留，至少視覺上氛圍上，願能藉此多得幾許餘裕與悠慢，這樣就好。

各安其位，面紙盒套

從來，我對美對機能實用的執著，食器之外，周遭所有生活物件也同樣挑剔龜毛，容不得任何遷就敷衍。這樣的脾性，尤其逢到各種大小日用、特別是消耗品，不免萬分頭痛，怎麼樣也挑不著滿意的商品。

垃圾袋、抹布、菜瓜布、面紙、各種清潔保養品……可以收納櫥櫃抽屜者猶能忍耐，非得置放晾曬在外的，每每即使上天下海狂搜瘋尋，也不見得都找得著既合用又能外觀樸素優雅美觀的選擇……

到後來，如何「遮醜」，遂成常日居家佈置整理的一大課題。這中間，「面紙盒套」可算頗有心得的項目之一。

受不了市售面紙外盒的總是俗豔扎眼，在我家，不管所用何牌，一律不准真面目示人，一定套上或重新裝入另外購買的面紙盒套才可亮相。

而有趣的是，也許出乎長年操持家務的經驗與敏銳，雖說不曾刻意，有缺有損才添換，也不曾細想過誰該屬哪裡歸哪裡；但多年來幾經輪替，自然而然，各角落固定擺置的面紙盒套之形式材質功能長相，都與該空間屬性無比合襯：

比方餐桌畔的藤編面紙盒，來自峇里島的手作工藝，一派天然樸實卻細緻，跟隨我已近二十年，至今仍是我的最愛最依賴，當然穩坐我最留戀最享受之所；果然，用餐之際有它陪伴，從視覺到觸感都溫潤舒坦，和食物食器也搭。

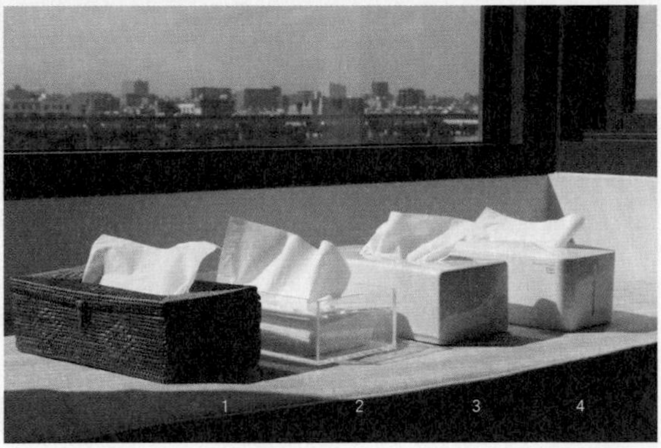

1. 印尼峇里島藤編面紙盒
2. 日本無印良品壓克力面紙盒
3. 台灣鶯歌陶瓷面紙盒
4. 台灣Tissue.Know自動彈升面紙盒

透明壓克力的這只，出自無印良品旗下，是讓我讚歎再三的作品。上緣簡簡單單一塊浮板，不僅取放隨手輕易，用掉多少一目瞭然，且重量剛剛好壓住面紙、足可一張張輕鬆抽起。也因樣貌簡淨利落，遂宜書房裡工作桌旁使用，同時也時時提醒自己，一如這樣的設計，簡單明快精準確實一擊中的，才是上上工作之方。

陶瓷材質面紙套，淨白亮潔重量敦厚且還防水耐髒，最棒是單純基本一方外套，不用重新裝填、直接扣上就好，頻繁更換也不麻煩，天生就該坐鎮浴室盥洗檯上。

起居室沙發邊的「自動彈升面紙盒」，數年前偶然留意到的台灣新創設計，出乎鼓勵心情買下。內部設置鎖扣與彈簧，可固定並一路推高面紙，可稱巧妙貼心。但老實說，比起無印良品簡到極致的神來一筆，似還有那麼點兒境界上的差距，每回開盒補充用紙時，都忍不住再三玩味設計此事的奧妙與道理。

除舊佈新，桌曆

歲末，舊的一年將盡、新的一年正臨。年年逢此際，工作桌上定然發生的除舊佈新儀式是，闔上、取下辛勞一年的舊桌曆，換上一本空白的新年份桌曆。

已然想不起究竟持續多久的習慣了，這麼多年來，日日工作與生活裡，從來少不了桌曆的提醒。

當然隨時代演進，記錄活動、約會、會議以至截稿日、代辦事項等事宜的行事曆，早早就從手帳移到電腦和手機上了；然而，也許出乎老派人對紙本的眷戀，我還是依賴著桌曆。

我用桌曆看日期，在空格裡標記不可或忘的日子、劃註下趟旅行的天數；就連推敲重要工作與文章排程，比起移動滑鼠來，寧願一行行一頁頁翻看桌曆，更覺踏實有序。

也因如此依戀桌曆，我對桌曆非常挑剔。每近年終，各家饋贈的桌曆從四方紛紛寄到時，我都會開開心心感恩珍惜收下，然後開始嚴選，哪一本，會在接下來的一整年裡與我緊密相依。

我喜歡的桌曆，形式樣貌樸素優雅是必然。畢竟需得三百六十五天晨昏朝夕兩相對看，太過繽紛多彩華麗難免易生厭膩，還是溫文淡雅細水長流才好。

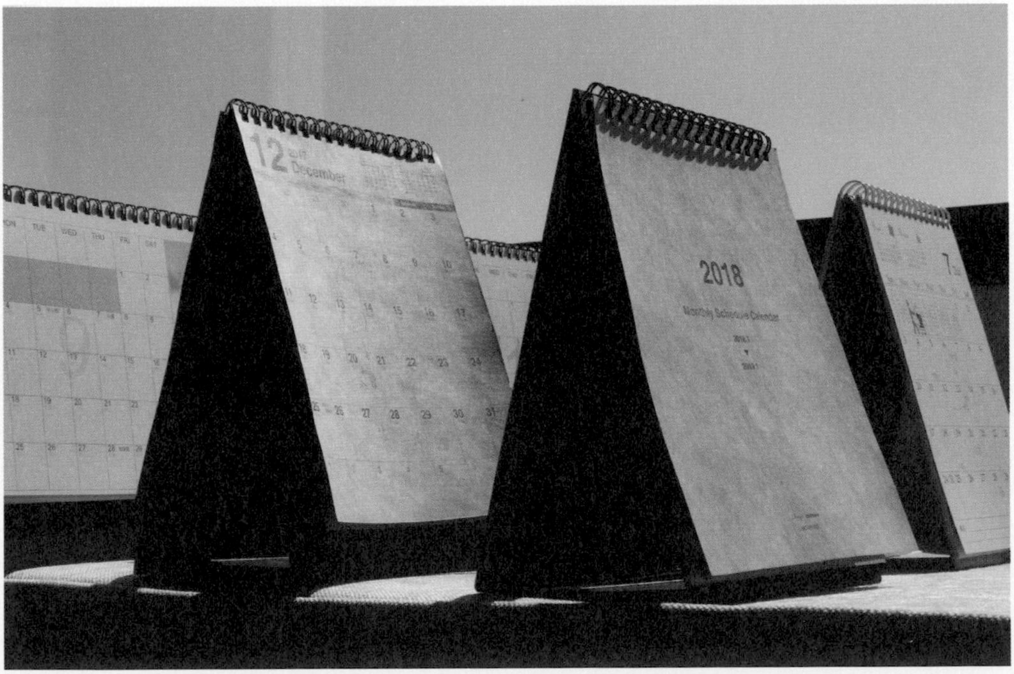
12
December
2018
Monthly Schedule Calendar
7

一定要有獨立完整的月曆頁，最好乾乾淨淨明白爽朗就光是月日星期表格整齊排列，且有足夠空白可以寫字畫記；些許寫意小插圖點綴無妨、還多少添些趣味，但萬不能有任何大幅照片圖像喧賓奪主干擾視覺。

體積需得適中，太小難能一目瞭然、太大又嫌累贅；形狀則直式遠比橫式好，修長靈巧不占空間，對一忙起來便桌上資料書籍滿堆如山的我來說尤其重要。

然後，必不可少是，陽曆農曆假日節日節慶節氣定得通通清楚齊備。雖說這麼一來，那些設計時髦美麗氣質絕高的進口桌曆全得淘汰……但沒得商量，桌曆是工作與生活必備工具，可不是裝飾品，對此當然堅持到底。

——看似條件標準高如天，但奇妙是，每年收到的桌曆中，總能有一二準確命中；即使偶爾直到年關逼近還無法完全合心滿意，正開始有點兒焦慮時，卻每常及時天降一本，令人慶幸和桌曆果然有緣得遇。

只不過近幾年，數位時代的必然趨勢，桌曆使用人口越來越少，寄來的桌曆一年比一年零星，我與桌曆的遇合也越顯艱難；到某年，一路直拖過年底，還是終究向隅。

沒奈何，只得轉而從市售品中找尋。結果，兜了好大一圈，卻在家附近學校旁文具店裡，幾十元價格，買得了一款素面基本款直式桌曆。不見任何圖片，連封面共八張十六頁，兩面端端整整光就是表格日期，該有的全數不缺、不該有的一律未見；牛皮紙材質樸拙中透著韻味，好個相見恨晚，正是我要的桌曆！

於是，再不需等待尋覓，現在，一近年末，我會馬上直接添購新的、一模一樣的同款桌曆。

令人不由感歎，簡單基本、機能俱全，其實人生裡生活裡之所欲所求，常常不過就是如此而已。但在這明顯太過複雜的此刻世界裡，卻似乎越來越不容易？

十年如一日，白色記事本

身為念舊之人，恨不能身邊所有物件都能一起相依相守到老。但遺憾是，除了家具與杯盤碗碟鍋瓢盆等或可恆長不壞、甚至經久而更顯潤澤有情味，其餘日用物件、衣著文具等消耗品難免會少損會老去會崩朽，難能久長；然出乎戀舊之心，即使換新、也堅持儘量採買用慣了的原來款式，好能持續熟稔相伴如昔。

只可惜是，這脾性在這時代明顯不合時宜，喜新厭舊、過時即棄顯然才是此刻這世界的道理規矩；年年月月隨時都有新設計新型款新樣貌推陳出新，縱然再怎麼合心意，一過季，便從此消逝難覓難續。

好在可喜還是有些例外，是真的就這麼多少年來一路結緣至今不曾移易——比方，無印良品的A7雙線圈白色記事本。

至少十幾年以上了吧！永遠手邊備存一整落，慢慢抽著用，寫滿了就換、用光了就補。

回想起來，喜歡上這類型的記事本，始於二〇〇〇年，在現已走入歷史的《明日報》任職時。新媒體問世，大手筆印了一批記事本專給記者們用，形式不同於過往常見的左右對開、而是上翻……不愧媒體資深長官們的細心設想，一用便覺驚豔；不僅好拿好握好翻，且不怕圈環卡在中間礙事，無論左寫到右、右寫到左都順手流暢。

明日報
TIMES.com.tw

就這麼著迷上手，即使來年，《明日報》不幸轟然倒地，再沒記事本可拿，卻再回不了頭，日後再有添新，也只獨鍾這式樣。

但奇妙是，樣式雖如一，體積卻一年年越買越小。畢竟，進入數位時代，記錄工具逐年越臻電子化，需得親手筆記、抄錄的內容越來越少，記事本，竟慢慢就這麼顯得可有可無起來。

但老派如我，怎樣也拋不去對手寫的依戀。特別旅行時分，採訪之外，還日日寫下旅記，去了什麼地方、看了什麼風景、住了哪家旅店、吃了哪道料理、喝了哪款茶咖啡酒……所因而萌生的心情心得思考感發感悟，都一一留存紙上，非記事本不可。

尺寸卻免不了逐步遞減，從B6、A6、B7……那當口，我邂逅了無印良品的這白色記事本。

A7尺寸，比過往用過的都小巧，卻反覺剛剛恰好，小旅行一本，長旅程兩本，區分清晰，事後收納歸類查找清楚便利。最重要是隻手便可贏握，一點不占空間，忙拍照忙趕路時順手往口袋一插，爽快俐落。

半透明塑膠材質封面封底，這本是啥那本為誰一目瞭然，且硬度夠當底墊，寫起字來扎實可靠。尤愛這極簡素雅形貌，以習慣的淡色鉛筆寫字畫記其上，特別合襯配搭。
就這麼長長歲月忽忽而過，到現在，已然累積整抽屜密密麻麻滿寫字跡的記事本，歷來工作旅行軌跡盡在此中；每一拉開，都彷彿跌入時光記憶裡，回甘回味無限哪！

鉛筆人生

十六年前曾經寫過一篇文章〈我愛鉛筆〉，那時，從原本的媒體職場退下、成為在家工作者甫數年，從生活方式到心境都有了巨大改變，居家與隨身物件器用遂也或多或少有些因應調整。

其中之一，便是將書寫工具換成了鉛筆。

原本就極愛鉛筆。不管是材質由來天然的木頭筆身、寫畫時微妙摩擦感與沙沙聲、伴隨而來的木質氣息、以至筆端流洩而出的灰黑炭色字跡……觸覺嗅覺視覺，都比其餘筆類來得溫暖溫潤細緻有味，用著，總覺心裡漸漸踏實安靜。

因此，一成自由身，灑脫放開心情下，原本慣用的黑色鋼珠筆、原子筆無論長相或筆跡頓時都顯得太過截然清晰分明，便自然而然擱下了，除了正式文件、簽名以外，日常寫字畫記，全部改用鉛筆。

然後，十六年歲月悠悠而過，這習慣就這麼持續至今，不曾改變移易；鉛筆，仍舊是我親密依賴的書寫伴侶。

而也和當時一樣，雖一往情深若此，卻從不曾刻意搜羅過任何名筆好筆。是的，因是最日常尋常的相陪相伴，我一直喜歡的是「最平常」的鉛筆。

那些花巧的、繽紛的、華麗的、充滿設計感的，看著總覺刺目扎眼、握不上手，

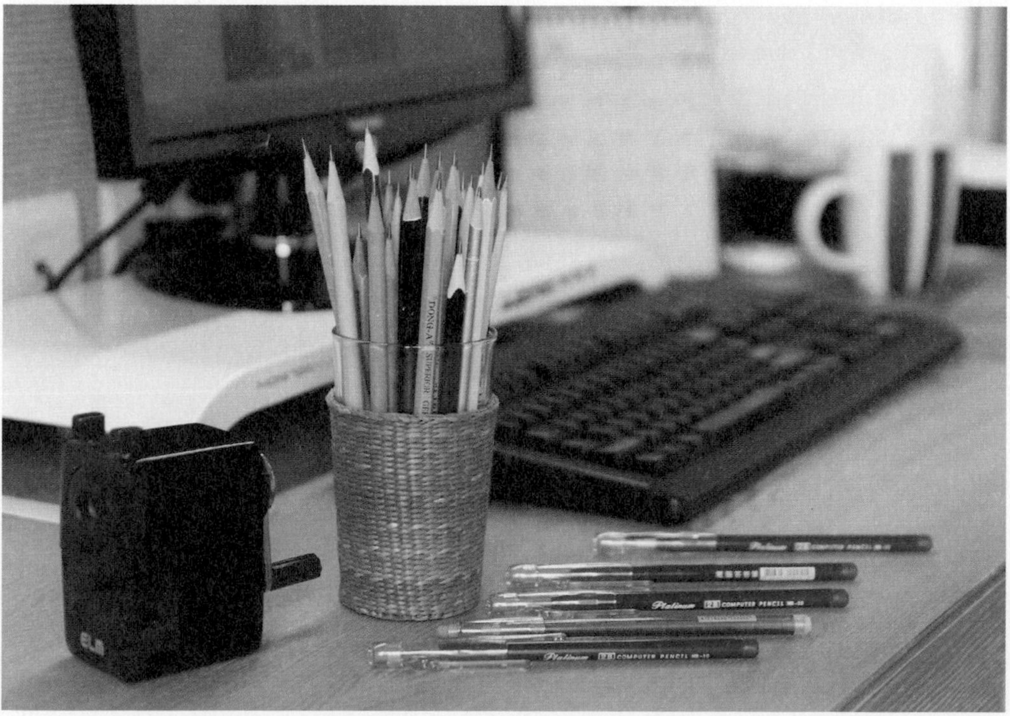
Platinum
COMPUTER PENCIL

反是一任淨素無華，黑色灰色原木色以至我從小用到大、最最基本款的銘黃外衣金色筆套附帶橡皮擦的利百代88鉛筆，自始至終最得我心。

這些鉛筆幾乎用不著買，光是四方各處隨手抓回來……旅館裡、會議桌上、資料袋裡，數十年來累成書桌上抽屜裡滿滿一筆筒一大盒，粗略估算，恐怕直到下輩子也寫不盡用不光。

澹泊無華，來得容易，卻反而更成日日時時看似平淡卻分外安穩安適不能少的相依——是這麼多年來，鉛筆教會我的，人與物間的另重情致和道理。

愛用鉛筆，當然還得削鉛筆。一如鉛筆，我的削鉛筆機同樣樸素基本得就是聊備一格而已；如果沒記錯，應來自學生時代的隨手購置，通體漆黑，小小巧巧一掌盈握，宿舍裡擺著一點不占空間。

那時，曾經以為終有一天會為自己買下一台、小時候家附近文具店裡不知仰望嚮往多少年的電動削鉛筆機。還記得早年曾有同事買了一台擺在辦公室裡，且非常慷慨大方地歡迎大家一起分享；我總是三不五時往那兒跑，鉛筆一插，嗶啦啦幾秒鐘便削得光滑尖細漂亮，既氣派又俐落暢爽。

結果，這舊機終究還是就這麼一直沿用了下來，然後，一年年越覺這慢騰騰一圈接著一圈、甚至有些兒吃力地手搖慢削，其實還頗療癒。

也因著實耽溺著鉛筆，即使出門也堅持非它不可——方便起見，帶的是免削鉛筆，筆芯一截截，寫鈍一枚再抽換一枚；比永遠銳利的自動鉛筆來要更像鉛筆，也更多幾分，滔滔奔忙人生裡生活裡，無論在家在外，都堅持期盼抓牢守住的，屬於鉛筆的，些些許悠悠意趣與溫情。

用與無用，書籤

說來有趣，書籤此物在我的常日生活裡占有一席之地，時間其實不長，短短不過十來年而已。

箇中原因，一來，除了飲食以外，其餘生活用品上早習慣盡量儉樸，除非必要，等閒不輕易多添多用，以免負擔；其次，長年沉醉閱讀，鎮日走到哪讀到哪，求簡求效率，讀到未竟處，書頁上方邊角壓個小摺以為留記就好，多個書籤總覺冗贅，徒生麻煩。

當然知道有不少愛書人一心疼惜書冊，不願不忍書上有任何痕損——古早習俗，據說即連失手掉落地上，都還得立刻雙手捧起置於頭頂躬謹道歉才行，竟然還有膽摺頁，簡直德行有虧大逆不道。

但我總認為，書之珍貴在於內容，真正讀得通曉透徹永留心上才是重點，紙頁純屬載具，不必也不應在表象儀節上拘泥。

遂從來還是我行我素，甚至漸漸還養成另一積習：讀到共鳴感動熱血沸騰處，來不及找筆劃記，便直接隨手於書頁下角再打一摺；有時若得遇深心相契折服之書，甚至滿本處處皆摺，見之莞爾。

因之發現此法不僅極是方便，全書讀畢後，還能回頭照章逐一檢點重閱，更覺有滋有味；遂從此捨筆就摺，再回不了頭。

神話
的城市
星辰
飛行

就這麼任性了好久，從不曾想過有朝一日，竟會開始依賴書籤——回想起來，這緣份，應是始於旅行中。

旅途裡讀書，照說應該更求輕便，更無書籤存在之理，一切歸因於所下榻旅宿的客房服務：通常來自頂級旅館或郵輪的細膩舉措，對住客放置房內的貼身小物特別留心，比方若有眼鏡、便裹上眼鏡布，有書、便於書頁中插入書籤。

特別後者，往往設計極是雅緻精美，特別我早年最愛的Amanresorts旅館集團，常以在地材質、圖騰元素打造書籤，愛不釋手之餘，一一都帶了回來作為紀念。

累積多了，出乎一貫惜物心情，不忍器物閒置寥落，於是嘗試取來用用看，漸漸察覺似乎並沒想像中費事……首先，至少不再一頁裡上下都是摺痕多生凌亂；而且，多了張好看的書籤，也為閱讀本身多點染幾許美麗心情。

尤其書籤多從旅中來，每一瞥見，往日行腳回憶、還有當刻所閱之書裡點滴歷歷，更添意趣。

就此生了好感，不僅日後再得此類餽贈都會重點揀選留用，異國異地書店裡若遇有當地風味的書籤也會酌情添購。

當然一如既往持守，萬不能耽溺、夠用就好。至於形式，則因非為刻意收集，由來不一，只能隨緣自在；久用下來，也覺長短胖瘦方圓厚薄，傳統式、夾式、磁鐵式各有味道。

剛好我的居家閱讀習性，大不同於物上的審慎，欲望甚野甚貪，每常同時開讀多本書，尤其工作與生活步調越緊湊忙亂，更加讀得越多越雜，故也一一都能派上用場；甚至還可依隨書之類型與氛圍，搭配氣韻合適相稱的書籤……

是長年與物相伴過程裡，又一擺盪於「用」與「無用」之間的奇妙際遇，領會咀嚼無限。

彷彿被溫暖擁抱

此書進入尾聲，回頭檢點內容，絕大多數為食器、廚房道具，少部分為日用生活品，衣著服飾類竟一篇都沒有……貼切反映出我的日常關注方向：只管埋頭度日吃飯，穿著打扮一點不放心上。

然細細想來，唯獨有那麼一種衣飾之物，是我珍重依賴，時時相伴、無它缺它不可的——那是，Pashmina披肩是也。

Pashmina是一種以極頂級細緻、產於喜瑪拉雅山區的山羊絨毛精工織成的織品，比絲絹更纖薄輕盈，多半製成披肩形式，一〇〇%純正上好者捲起後甚至可從戒指中央穿過；只要對羊毛織品略熟悉的人，都多多少少對Pashmina另眼相待。

如果沒記錯，Pashmina應是在大約二十幾年前開始漸漸為國人熟知，當時，還在時尚雜誌任職的我，因工作緣故認識了這珍品，輕薄軟柔如雲，保暖效果卻一點不輸厚毛衣，讓素來最畏寒怕冷的我讚嘆頻頻。

只不過，即使大為傾心，買衣從來保守慳吝的我，對那高昂價格委實敬謝不敏，遂也就只是一時新奇，很快便拋諸腦後。

但這緣份終究還是到來了。二〇〇一年一趟巴黎之旅，左岸街區巷弄裡隨興閒逛當口，偶然撞進了一小巧閒靜院落，裡頭不單有民宅，還藏了一家別致小鋪，鋪裡，賣的正是各種Pashmina。

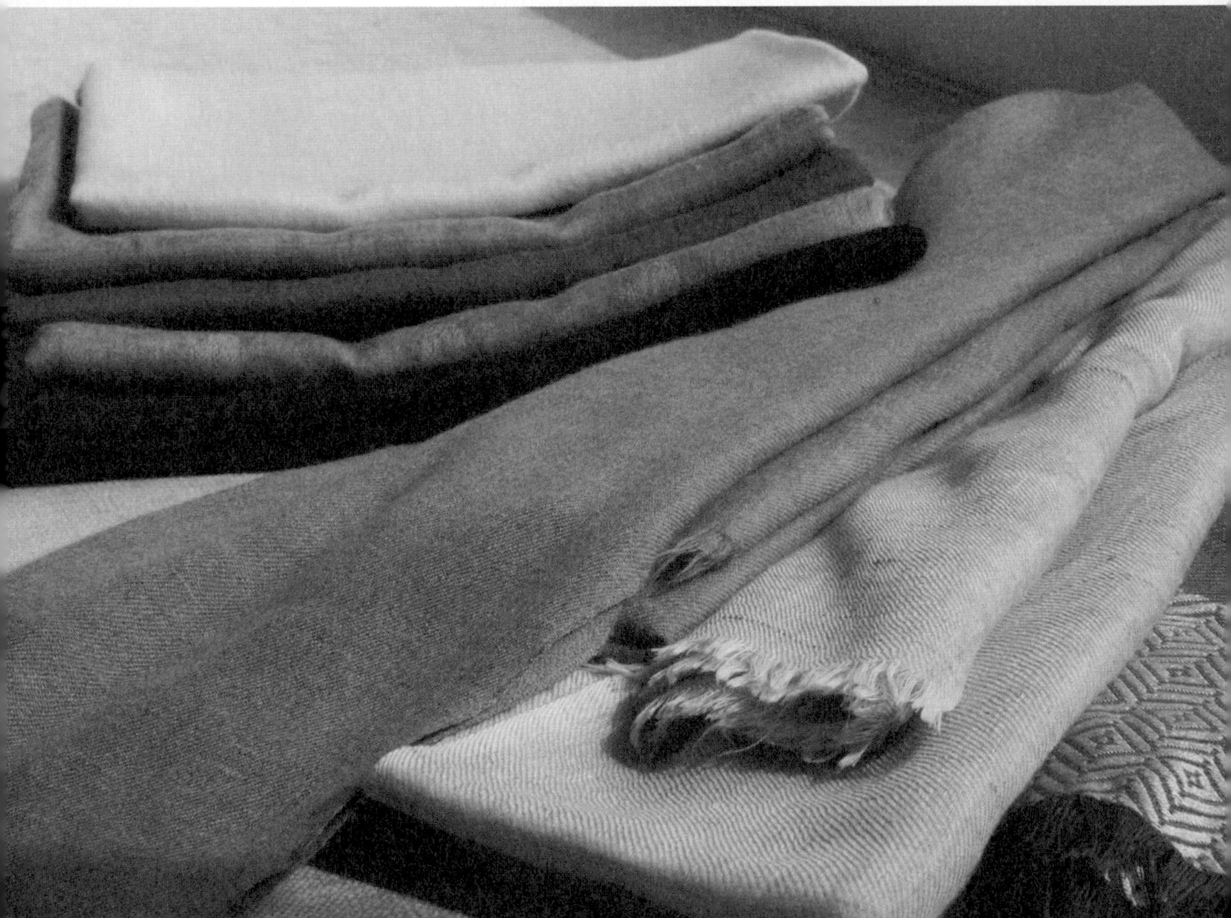

隨意拾起一件披肩……這是上品！即使經驗不多，但那超乎尋常的既輕軟又緻密的美妙觸感，重重撞擊我心；旅行間的衝動任情，即使明知在千山萬水之遙的巴黎買這東西實非明智之舉，即使一舉刷新我的生平衣著購買價格記錄，我還是奮勇把它帶了回來。

當然買貴了。我心知肚明。但現在看來，這筆交易划算極了！這方披肩，不僅一路陪我到現在，十八年來依然如新，且還就此開啟了我的眼界、以及我和Pashmina難捨難離的緊密連繫。

那之後，從仲秋到春初，只要外出，Pashmina幾乎不離身，當披肩、圍巾、領巾、頭巾以至膝毯，彷彿被溫暖擁抱般，是我對抗嚴冬的最佳利器。特別旅行時分最是好用，輕便輕巧、好捲好紮好摺好帶一點無負擔，然禦寒效能之卓越，交通工具上甚至還可以當被子蓋；遇有宴會或正式餐廳等場合，即使一身淨素，有它點綴加持，也能多幾分貴氣。

執著之深，總讓我忍不住想起史努比漫畫裡那永遠抱著一張藍色毯子不放的小朋友奈勒斯……是的，我與我的Pashmina就是這麼親密。

痴愛若此，添新卻極緩慢。當年熱血一戰，早把膽子全用光了，從此只敢趁前往印度或周邊國家旅行，與原產區接近、相對廉宜之地藉機採買

而一開始就見識了頂尖好貨的優點是，從此再難遷就了；等閒街邊小鋪小攤尋常品都看不上眼，通常得是有些專精的店家才偶有合意，遂意外省錢省心。

其中兩件驚喜之遇由來相似：店內走逛一圈，這兒摸摸那兒瞧瞧全不在標準上，搖搖頭正準備離開時，看在眼裡的老闆湊上來一臉端笑：「這些都不行嗎？其實我還藏著幾件更好的，要不要再看看？」

果然一抖出來，面積碩大如被毯，薄若蟬翼、細密亮滑如絹絲，比我的巴黎初戀更上層樓；成為我惜愛非常的隨身寶物，伴我隆冬中甚至深雪裡暖暖安穩來去，留戀無比。

身不離袋

前文曾提過，有些居家物件，幾乎不需自掏腰包，就會自自然然紛紛來到。其中有那麼一項，我甚至偏執認為，不只是「不需」、甚至「不應」額外花錢添購。

那是，環保購物袋。

長年生活裡極度依賴的物事，只要人出門，即使目的非為採買，車上、包包裡都必定備妥一只以上，以便隨時派上用場。

開始養成這習慣，當然多多少少出乎對生態、對環境的關注，但其實更多緣於多年來與周遭器物相伴相處後，所逐漸湧現的惜物之心。

尤其多年前居家翻修，經歷過一次劇烈的斷捨離過程，在此前後，對這許多曾經擁有、卻無法珍惜而心生厭膩甚至必須捨棄之憾越來越警醒——是的，得與棄之間，無論貴平輕重，點滴皆是負載負擔哪！

於是漸漸地，對所有來到身邊的物件益發審慎嚴謹，日用道具器物等閒絕不輕易追新外，即使是日常消耗品，也努力減少用過即棄的比例，盡量選擇可多次反覆利用者代替。

購物用紙袋塑膠袋尤是其一。向來對家裡堆積如山的各種「袋」頭痛非常，不丟氾濫成災、丟了總難免多生幾分罪惡感；因此早早便痛下決心養成習慣，除非萬

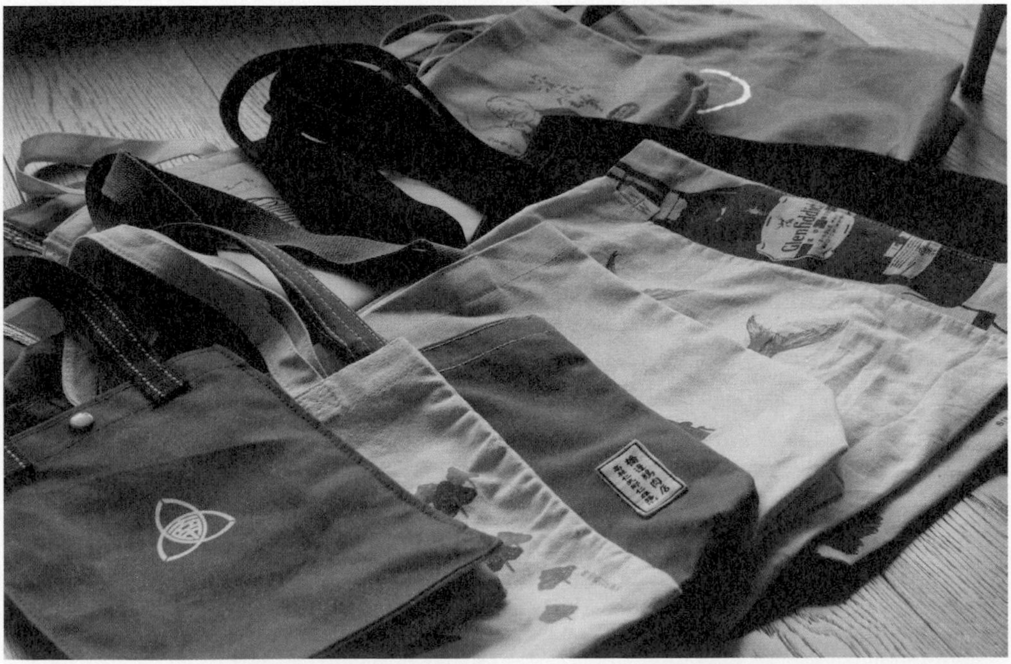

不得已，否則絕不輕易帶「袋」回家。

遂而，隨時常備各種環保購物袋……真的一點不用買，光是各方餽贈就已經取用不盡。

對此，還記得好多年前，環保購物袋開始風行當口，某國際時尚品牌大打形象牌，推出限量購物袋，帆布材質、袋身大大字打上「I'm Not A Plastic Bag」字樣，價格比該品牌其他正品廉宜許多，剎那轟動一時。

當時，眼見這全球各地瘋狂漏夜排隊搶購、一袋難求狂潮不免困惑：以環保之名，卻衍生更多生產、更多消費，刺激更多購買、更多貪婪……也算這物欲橫流時代的怪現象了──至今，時移事往，究竟有多少人還記得、還在使用這只「我不是塑膠袋」？

感嘆心緒下，就此下定決心，絕對不買任何購物袋；結果十數年下來，還真的只覺太多、從未有缺。

而檢點手邊所有，較喜歡常用的，大大小小約有七八之數，絕大多數為棉或帆布材質，手感溫潤且堅固耐用易清洗；形式偏愛有底有邊，裝盛與置放皆容易。

質地則厚薄兼具，厚者宜於書籍雜誌、飲料醬料果物等沉重之物，薄者則可輕輕鬆鬆捲摺成團放入隨身包包裡到處帶著走；樣貌一律低調樸素，以能與各種場合配搭，花色圖案含蓄但自有風格或趣味，拎著揹著看著都順眼舒服。

也因這挑剔，較合心意這幾只之外，其餘大多還是閒置，每每開櫃取袋時望見總覺不捨。好在日前意外發現竟有多個組織發起回收循環計畫，定點收集多餘二手袋，轉供有需要者使用；這下，多出的環保袋們終於有了去處和用處，寬心不少。

總是老的好

此書結集付梓前夕，問剛剛看過初稿的出版社發行人兼總編輯耑齡，還有沒有什麼疏漏或可添加篇章？結果他答：「也寫寫廚房裡那台微波爐如何？」

讓我登時莞爾。其實也不過就是一台平凡無奇普通微波爐而已，唯一獨特之處只在於：至今已近三十高齡了！因此，每有朋友來訪，瞥見這台「古董」總會大表訝異，訝異古早電器的持久耐用，訝異我的不動如山心如止水。

但事實上，這祖父級老物件在我家根本一點不算特例，以廚房家電來說，還有同期來家的烤麵包機，電飯鍋則是直到去年才不得不除役。

更別提較無折舊使用年限的餐具壺具杯具鍋具廚用道具，以及出了廚房後，家具家飾、文具工具，比這年長的比比皆是。

就連被視為個人形象風格品味表徵的「門面」：衣服鞋子包包飾品，寥寥數件一用再用，陪伴十幾二十年以上也屬家常便飯事——所以，比我的微波爐還更常遭人側目驚奇的，是我的日常隨身包，就此一只別無分號，走到哪揹到哪，二十年來從未想過換新包。

是的。長年談物寫物的我，照理該極勇於求新追新，但真相是，我對舊物卻是無比執著耽溺……

都說情人總是老的好，對我而言，身邊之物亦如是。

除了碗碟壺杯砵皿因有和各種不同香氣口感滋味色澤食飲、以至心緒氛圍情境穿插佐搭的必需，遂而雖一樣審慎，依然逐年緩慢添新；其餘，若是純粹工具實用之物，只要上手了合意了，就宛若今生認定般，除非壞損到修無可修或另有天大地大原因，否則絕不肯輕易淘汰離棄。

且即便非得換新──雖然在這日新月異時代裡似是越來越顯落伍艱難，也堅持先朝既有原有型號款式選擇考慮。

此中緣由，一者出乎持家上的慳吝：享樂領域裡，未圓的需圓的欲望願想委實太多，阮囊不豐，所有金錢心血精力預算全得花在真正刀口上，一點沒必要也沒能力在無謂處平白揮霍。

但更重要是，舊物，讓我感覺安靜安定、安頓安心。

這麼多年來，汲汲貪婪於各種無形體驗的我，早就在食物裡酒飲茶飲裡、還有旅行裡書海裡，將所有心神氣力與熱情縱情拋擲燃燒殆盡；於是，回到有形物件上，寧願只和最熟悉熟稔、且多年來逐漸摩挲累積出深厚默契與情味情致的舊相識相伴相處相依。

不需磨合、不需試探、不需摸索、不需重頭適應，自由自在灑脫放開，任性直覺率意如常如昔生活作息起居……

彷彿窩在一個舒服得宛若無著無物無罣礙無負擔的安穩天地裡，人與心定了、靜了，才有力氣有餘裕有空間，在這紛呈大千瑰麗世界裡盡情張看、徜徉，同時，自得自樂前行。

貓玩具的逆襲

全書寫作即將進入尾聲，家中與身邊器物之身世故事、情感情致，以及多年累積至今，我之於物的種種思考、省視、感觸感發大致交代完畢。

沒料到是，就在這當口，生活裡的一樁突然變化，竟讓前文各篇所談所述之種種心得和持守，就此幾乎全然破功。

——因為，家裡來了一隻新貓咪。

是一隻虎斑米克斯，誕生於三月末，取名為miki，男生。和過往曾經一養十八歲、憨厚好靜的前隻長毛貓小米非常不同，是一隻古靈精怪聰明過人、鎮日頑皮瘋鬧四處飛躍衝撞抓咬搗蛋搞破壞的混世魔王。

為了安撫這活潑到幾近過動的小獸，我們只得開始幫牠找玩具，以消耗明顯過剩的精力：

從用以飛奔追逐的各種材質滾球、可撲可拍的不倒翁、手持式釣竿式懸垂式圓盤式電動式逗貓棒逗貓球、飛踢啃咬磨牙專用抱枕、用以練爪子的貓抓柱貓抓板……弄到最後，連客製訂作的豪華貓跳台都堂堂搬進家門。

短短時間，精心打造且長年堅守的極簡風格居家，就這麼一整個化為貓咪的遊戲場，滿地都是各種各樣貓玩具。

說到頭，如此氾濫成災緣故，純因miki對玩具完全捉摸不定且極度喜新厭舊的難纏個性。

巴巴兒雙手奉上眼前，結果一點不感興趣的狀況所在多有；即便能得貓皇垂青，也往往過了數天到一週的蜜月期後，便立即棄若敝屣。

遂而，自認修練得清明如止水的的選物愛物哲學：比方真正有用且派得上用場才肯下手，除非壞損或有缺否則不輕易添新，少、才有餘裕與自由，器物總是老的好……遇上miki簡直全盤失守，沒事便在各種線上寵物商場間亂逛狂搜，不斷揣摩簡直海底針一般的貓喜好貓心意，這買一個那買一件，只要能討牠歡心都好。

只剩寥寥幾個得能勉強緊抓原則：首先是絕不追高，畢竟每一玩具能否得寵、且能受寵多久委實命運難料，甚至一陣瘋狂摧殘後支離破碎更是在所難免，故萬千不能昂貴太過，可以少點負擔與心疼。

然後是美感。也許貓咪不懂也不在意，但畢竟是進到家裡的東西，自己看著悅目舒服十足重要；遂而，簡淨外型、素樸顏色為前提，若能材質天然更是上上最佳。

——多虧此刻設計風潮當道，比起前回養貓，市面上雅緻之選竟然還不少……只不過這麼一來，難免誘得物欲更加高張，真不知算好還是不好。

唯一再次印證是：一如人與物，貓與物之緣也是無常。那些設計精緻、創意與品味均佳之作，常常竟不如隨手揉個鋁箔紙球、扔只購物袋甚至幾枚葡萄酒塞，反而更令貓兒興奮熱衷開心。

當然這興頭也是極短的……所以我想，在miki成年穩重以前，這玩具海裡的不停追尋，恐怕還是只得如是認命持續下去。

日日物事

簡單又富足，葉怡蘭的用物學

Those things at Home

作者 葉怡蘭
設計 楊啟巽工作室
插圖 王村丞
主編 莊樹穎
行銷企劃 洪于茹
出版者 寫樂文化有限公司
創辦人 韓嵩齡、詹仁雄
發行人兼總編輯 韓嵩齡
發行業務 蕭星貞
發行地址 106台北市大安區光復南路202號10樓之5
電話 (02) 6617-5759
傳真 (02) 2701-7086
劃撥帳號 50281463
讀者服務信箱 soulerbook@gmail.com
總經銷 時報文化出版企業股份有限公司
公司地址 台北市和平西路三段240號5樓
電話 (02) 2306-6600
傳真 (02) 2304-9302
第一版第一刷 2019年11月8日
ISBN 978-986-97326-3-5

國家圖書館出版品預行編目(CIP)資料

日日物事——簡單又富足，葉怡蘭的用物學 / 葉怡蘭著. -- 第一版. -- 臺北市：寫樂文化, 2019.11　面；　公分. -- (葉怡蘭的日常365)

ISBN 978-986-97326-3-5(平裝)

1.餐具 2.食物容器 3.文集

427.5607　　108011220

Those
things
at
Home

日日物事